（美）约翰·拉德利（John Ladley） 著

刘 晨 车春雷 宾军志 译

Data Governance:

How to Design, Deploy, and Sustain
an Effective Data Governance Program

数据治理：
如何设计、开展和保持有效的数据治理计划

清华大学出版社

北京

北京市版权局著作权合同登记号　图字：01-2016-3553

注　意

本书涉及领域的知识和实践标准在不断变化。新的研究和经验拓展我们的理解，因此须对研究方法、专业实践或医疗方法作出调整。从业者和研究人员必须始终依靠自身经验和知识来评估和使用本书中提到的所有信息、方法、化合物或本书中描述的实验。在使用这些信息或方法时，他们应注意自身和他人的安全，包括注意他们负有专业责任的当事人的安全。在法律允许的最大范围内，爱思唯尔、译文的原文作者、原文编辑及原文内容提供者均不对因产品责任、疏忽或其他人身或财产伤害及/或损失承担责任，亦不对由于使用或操作文中提到的方法、产品、说明或思想而导致的人身或财产伤害及/或损失承担责任。

图书在版编目（CIP）数据

数据治理：如何设计、开展和保持有效的数据治理计划/（美）约翰·拉德利（John Ladley）著；刘晨，车春雷，宾军志译. —北京：清华大学出版社，2021.3（2021.12重印）

书名原文：Data Governance：How to Design，Deploy，and Sustain an Effective Data Governance Program

ISBN 978-7-302-57569-6

Ⅰ．①数…　Ⅱ．①约…　②刘…　③车…　④宾…　Ⅲ．①数据管理－研究　Ⅳ．①TP274

中国版本图书馆 CIP 数据核字（2021）第 028967 号

责任编辑：张　民　常建丽
封面设计：常雪影
责任校对：梁　毅
责任印制：杨　艳

出版发行：清华大学出版社
　　　网　　　址：http://www.tup.com.cn，http://www.wqbook.com
　　　地　　　址：北京清华大学学研大厦 A 座　　　　　　　　邮　编：100084
　　　社 总 机：010-62770175　　　　　　　　　　　　　　邮　购：010-83470235
　　　投稿与读者服务：010-62776969，c-service@tup.tsinghua.edu.cn
　　　质量反馈：010-62772015，zhiliang@tup.tsinghua.edu.cn
印 装 者：三河市金元印装有限公司
经　　销：全国新华书店
开　　本：185mm×260mm　　　印　张：14.75　　　字　数：349 千字
版　　次：2021 年 5 月第 1 版　　　　　　　　　印　次：2021 年 12 月第 3 次印刷
定　　价：55.00 元

产品编号：064296-01

序

　　从事数据治理的人都是真正喜欢这个行业的人,毕竟,数据治理处于与数据有关冲突的核心。日复一日,我们看到基于错误数据的、看似微小的行动和决策在组织中传播蔓延,导致报表和其他信息产品出现了严重的数据错误,进而引发为像错误决策,低效、无效工作,不满足法规监管等严重问题,甚至是安全数据泄漏等恶性事件。我们身在其中,看着这些数据问题从无到有,直至对组织履行职责能力产生重大影响。我们把相关人员聚集在一起,尝试教导他们如何发现和解决工作中的数据问题。我们与企业高级管理人员、个人数据工作者以及企业的所有员工一起工作,并且不厌其烦地向他们重复传递信息:"你不必在工作中受不良数据的影响,让我们给你看其他正确的工作方式。"

　　但是,坦白说,大多数人吉言难进。

　　仅从数据在其工作中的产生作用视角,多数人对数据都不满意。一般来说,多数人听到"治理"就会产生负面(甚至出于内心)的反应。他们从理性上会认可数据的"大治理"机制(包括政策、任务、标准、控制目标和其他类型的规则)是必要的,也同意"小治理"机制(即控制)是工作的核心。然而,他们的直觉、情绪、本能思维会对任何约束做出可预见的反应,鼓动周围的人反对、逃避或消极应付这些机制。

　　因此,可以想象,我是多么高兴能够结识约翰·拉德利。他分别从人类学家视角提出数据治理的人性要素,从行政管理角度展现治理的战略要素,从实操者视角提出治理操作要素。

　　我记得见到约翰·拉德利之前先听到了他的笑声,那是在一次会议上,有人刚说完:"不,他们不愿承担数据治理的责任,也不希望其他人负责!",就传来约翰有感染力的笑声,并且笑容也呈现在他的脸上。接着,他介绍了有关组织变革管理的智慧良言。针对一些有关信息管理策略的细节,我们进行了广泛的讨论。我已记不清讨论的具体内容。后来,我发现他的思维感召力是出于厂商的中立视角和强烈的知识分子责任感。从此,约翰·拉德利成为我的"智囊"之一,同时也成为我的密友。

　　数据治理的有趣之处在于它既久远,也新颖。20 世纪 80 年代,出版社工作还没有实现自动化,我们必须对数百个信息块进行多次校对和修改,最终才可以分别编入杂志正确的页码中。如果对内容管理不善,就无法提供杂志产品。必须很好地管理邮件清单和其他结构化数据,否则出版工作就无法运转。是的,如果询问 40 年前出版社(或从事大型机)的工作员工,他们会告诉你:那时数据治理就是工作的一部分。

随着 IT 爆炸式应用改变了世界,以及客户-服务器、Web 和其他新型技术的快速应用,许多企业组织失去了数据的"大治理"和"小治理"能力。在这期间,T(技术)成为 IT 的重点,积极引进这些新技术的组织内部似乎没有团队负责 I(信息)。随后,事情开始变得混乱,变得越来越杂乱无序。不知何故,这种现象被标上"业务"和 IT 协作不畅的标签。2002 年的"萨班斯-奥克斯利法案"和日益增多的数据泄露事件,人们的注意力又回到数据本身和需要实施适当管理。

虽然约翰·拉德利和我(和参加同一个会议的其他人)对数据治理这个"新兴领域"进行了许多愉快的讨论,但是我必须承认,真不明白约翰·拉德利为什么还花时间写 EIM (企业信息管理)一书。毕竟,我认为,数据管理和内容管理两个领域的定义已经很清晰、明确。难道还需要新词(EIM)吗?需要一本关于它的专著吗?

事实证明,现实世界是需要的,约翰·拉德利的著作带来一个重要的新视角。这本书不仅告诉沉迷于数据世界的极客们如何更多地探索相关领域的数据奥妙,更重要的是,它还可以告诉更多的企业信息的相关人员如何应用这些大量的、重要的数据资产提升企业的效率。它们用大量详细内容描述"业务处理要满足信息管理"。是的,这些内容需要整理出来。我很高兴约翰·拉德利做到了。

事实上,"数据治理研究所"网站的访问量统计告诉我们,从事数据治理工作的人员是逐渐增长的。尽管我的咨询工作越来越多地转向帮助组织实施(数据)战略,但是我还是想谈论数据治理实践。坦率地说,很高兴约翰·拉德利已完成了 EIM 著作,我们可以讨论数据治理。面对有众多焦点、不同"喜好"的数据治理现实,我问约翰·拉德利,什么是具有普遍性的?什么是基于场景的?什么是必要的?什么是锦上添花的?约翰·拉德利是一个善于行动的人,因此,他经常针对我的问题提供一些具体活动和行动计划:如何实施数据治理。

在过去几年中,已经出版了很多这一领域的图书,它们多是关于为什么组织需要数据治理,谁应该做什么,以及如何将这些理念推广给有数据治理项目和任务预算的人员。它们多是从治理工具供应商视角,或者是从特定动机角度写的。但是,介绍做什么(WHAT)、何时(WHEN)做和如何(HOW)做等细节的图书不多。业界需要一本详细的数据治理指导手册——包括数据治理的各种相关情景,以满足众多读者的"喜好"。

很高兴约翰·拉德利已经完成了这项工作。

格温·托马斯
创始人兼总裁
数据治理研究所

前 言

我写本书有两个原因：首先，在写前一本书时，我认为作为一个主题来说，数据治理处于次要的地位，这要归因于篇幅限制。在企业信息管理背景下，一章内容足够详尽地让人意识到数据治理的必要性，但是，它还不足以帮助人们启动他们的治理工作。有一些，但不完整。庆幸的是，我们公司做过很多数据治理实施项目，所以有很多资料可以分享。

其次，激发我写作前一本书《以业务为驱动的企业信息管理》（*Making EIM Work for Business*）的冲动仍然有增无减，这听起来像开玩笑，但在某种程度上来说是的。我们公司正在做大量 EIM 和数据治理工作，很多公司开始认识到管理公司数据和信息需要的不仅仅是数据迁移和映射工具。然而，意识到需要做事情，与沉下心实际做事情是两码事。我发现很多组织都非常擅长说："我们要把数据管理得更好"，并且对此提出无数的原因和理由。但是，他们后续的工作却非常糟糕，仅是采购了用于交付和呈现信息的前端工具。写本书时，供应商还大力宣传数据分析的价值和"大数据"。很多公司也深陷于这些"迷魂汤"（drinking the Kool-Aid），却很少能够达到预期的收益。

现在还正在进行着一些主数据管理项目。首席信息官（CIO）认为企业需要建立"单一事实（truth）"数据源，购买专业工具和收集数据，还要求进行业务变革转型。但是，只有大约 20% 项目能取得部分成功。

坦率地说，这两类项目之所以产生令人失望的结果，完全是由于对这些数据工具所处理的数据缺乏有效管理造成的。这些数据不满足项目预期目的。

前述工具购买后缺乏后续数据管理是根本原因。我们知道，供应商擅长的工作是卖了工具就离开，而 IT 部门在与业务部门对接或沟通一致前就已经购买了软件工具。同时，CIO 在不允许和业务同事进行充分沟通的环境中工作，因此，在许多需要改变业务习惯才能成功的项目中，他不会得到任何支持，并且，不管项目成果质量如何，他都必须及时交付项目任务，还有，他还会被告知可以得到满足项目需要的数据。

后续数据管理工作听起来简单：开始将信息视为资产。但是，当研究信息资产管理细节时，我们了解到组织需要进行数据治理。

即使进行少量治理工作，组织也会从中获益。在分析成功主数据案例时，你将看到业务协同和数据质量工作都已落实到位，并且通过数据治理建立了长效机制。对于相似的案例，未开展数据治理或执行不力的，结果是失败的。所以，实施数据治理效果显而易见，对吧？

可悲的是，事实并不是这样。正如你将在本书中看到的，数据治理不是制订一些流程和制度，以及执行一些规则。这些肯定是数据治理的重要组成部分，你可能通过执行数据治理的机制获得一些成功，但是除非采取更加个性化和详尽的方法，否则数据治理将不会落地做实。

本书是为"从事数据治理工作"的人员写的。预期阅读对象既不是信息科技人员，也不是业务人员，而是那些保证实践信息管理的人员。显然，这是一本有关数据治理"如何做"的书。我尽量避免使用常从工具供应商或名声显赫的咨询顾问那里听到的套话。你如果正在读这本书，而且已耳熟和认可这些陈词滥调，那么现在就应想做点实事，而不再空谈。

各类专家都在谈论 21 世纪将是信息和数据应用的时代，并指出严重依赖于数据分析。但是，如果继续将数据视为企业内部部门业务流程中的"丑陋润滑剂"，而不是宝贵的资产，我们将离实现这些预测期望相去甚远。在日常处理数据和信息方面，如果思维方式没有一个重大改变，这些都不可能实现。下面是一些应该关注的真实场景：

- 华尔街不会接受业务处理是运行在 40 000 个 Access 数据库上和使用电子表格整合生成业务报表。（现实世界真有其事。我们曾对一家领先的金融服务公司进行评估，工作结束时共整理了 40 000 个 Access 数据库）。
- 改善业务流程或完成部门项目衡量指标不仅是完成时间或项目周期，还要包括数据质量指标和遵守资产管理政策的程度。
- 与其撒手不管，担心项目延时就开始用 Access 或 Excel 构建部门数据库，业务领导还不如与技术和信息经理一起工作把数据做正确。也就是说，一开始就在数据准确性方面花时间，而不是反反复复地返工。
- 应用开发人员如果不能同时满足数据控制和质量标准，即使项目按时完成，也不能进行奖励。
- 业务用户应该不允许生成需要脱离企业的数据报告，除非该报告已经通过了创建和验证的批准流程。

术语"成熟度"常常出现在信息管理的场景中。我写这本书也不例外，但还有另一个度量尺度：学习成熟度。我的兴趣是航空，我在成为飞行教练后不但教别人如何开飞机，也深刻了解了"学习"的含义。

根据经验，当你注意到行为发生改变时，学习就会发生。

换句话说，仅听到一些事情不会引发学习，需要实践，积累经验，并且观测行为的变化。坦白说，我接触的多数公司在进行了两周评估、四周路线图设计后，就臆想这些项目产出物和管理层的信任指令会创造奇迹。数据治理要实施一些具体工作和显著的行为改变。所以,本书着眼于改变行为,融合和管理要完成的数据治理工作。

本书后面的内容介绍了我们公司过去 20 年左右开发的数据治理工作步骤、产出物、技术和观点。由于材料中有些内容枯燥乏味,我采用了小故事或有趣的比喻。这不是我故弄玄虚,是因为它们很重要,希望能引起你的重视。你所在的组织未来会基于如何处理数据而存亡。你可能实施 ERP,购买商业智能工具,或尝试复杂的数据分析,但是,你除非能成功管理哪些内容进入这些基础设施和控制哪些内容离开它们,否则将永远不能保证可以做正确每一件事。

本书全面介绍了实施数据治理需要的工作内容和行为。如果你推迟部分或全部采纳这些要素和内容,就会面临越来越难的信息管理挑战。你所在的组织要做高级预测分析吗?那么最好先清楚分析工具使用的数据是否准确。你是否想为报表、商业智能或确定客户名单建立单一事实(数据)来源?若是,就需要立即启动数据治理工作。由于数据量持续爆炸式增长,等待时间越长,决策越难。这不是一个热衷与数据打交道人员的琐碎请求,而是业务的迫切需要。

你将看到,通过执行一系列步骤和关注某些成功因素完成数据治理工作。数据治理有很多基本的活动要执行。但是,也需要在企业文化、个人行为和理念上变革,真正把信息视为企业资产。数据治理是囊括了这些变革的学科,但也是以新的方式处理业务的长期承诺。

鸣　谢

在前言中使用了代词"我"，但你会注意到在本书的其余部分使用的是"我们"，这是因为我不是在过去 20 年里唯一从事这项工作的人。本书中包含了很多实战经验，与我在一起工作的同事做出了巨大贡献。

我的信息管理和数据治理同事和合作伙伴是 Val Torstenson，Ellen Levin，Larry Michael，Richard Lee，John Lee，DonnVucovich 和 Jim Hankemeyer。我还要感谢 Pam Thomas，她传授了有关将组织变革管理精粹作为成功信息管理工作的关键内容之一，前言中引用的那些行为变革不是自发的。此外，自从她和我在"数据治理"课程上引入变革管理内容后，行为变革就成为数据治理会议的流行话题。

在公司业务正常运营的同时，写书需要推脱大量事务性工作，因此我要感谢 James Kern，AmitBaghat，Michael Demos 和 Martin Davies，他们替我承担了公司行政管理和客户服务方面的工作。

感谢参与书籍编辑和整理工作的组员：审阅书稿并反馈意见的 DanetteMcGilvray，Michelle Koch 和 Marilyn Thompson，进行书稿编辑的 Sheila Hultgren 和 Pam Thomas。通常我会花一段时间隐居，以完成书稿编写，这需要多次入住酒店和空中旅行，所以，真心感谢审阅者和编辑们的奉献。

我非常珍惜并感谢 Gwen Thomas 女士花时间给本书作序，Gwen 具备一种罕见能力，能用清晰和联想方式解释抽象概念并提出解决方案，她能够集中精力，深入研究信息管理的特定领域，并提出自己的见解。

在此也要感谢我的客户，他们信任由我的公司为他们做数据治理和信息管理，特别是 Erie 保险、沃尔玛和盐河项目的优秀人士，这三个差异非常大的数据治理场景和挑战不仅使我们的工作变得有趣，而且真正地开拓了我们的创造力，特别是 John Collier，Steve Pettinger，Audrey Wiggins，Alan Jamison，Terry Mooney，Greg Whicker，Jim Viveralli 和 Felix Orzechowski，过去几年与我一起应对了这些重大挑战。

非常感谢与我一起相处的大师或思想领袖们。他们建立了各种论坛并为推进数据治理纳入业务职能奠定了知识基础。Tony Shaw 创建了数据治理方面的论坛并举办了非常好的数据管理国际会议（注：每年的全球数据管理峰会），这些会议能够真正展示数据治理的价值并展示很多精彩内容。Rob Seiner 和他的新闻通信网站成为众多信息管理实践者的"必去"站点。Rob 和我也证明了像匹兹堡这种二等足球队也可以培养出非常聪明的队员和成为一流足球队。Tom Redman 博士是另一位共事过的大师，在这方面他可能比我做得更多。感谢组织历次数据治理会议的 Davida Berger。

最重要的是 Pam Thomas——我的生意合伙人、同事、生活伴侣，如果没有她，这本书就不会出版。即使当我觉得这本书需要被推迟，甚至是由于外部的力量而停止，她也不会让我放弃。Pam 还写了第 12、13 章的大部分内容，但却拒绝在封面上署名。很多男人如果不得不与妻子或伴侣一起工作，一般就喊叫着离开房间，然而，我却为能与我生命中的爱人一起生活、工作而感到幸福。

译者序

　　2018 年是数据治理行业重要的一年，3 月份，大数据标准化工作组发布了大数据领域的重点国家标准《数据管理能力成熟度评估模型》(GB/T 36073-2018)，在标准中正式提出具有中国特色的数据管理能力成熟度评估模型，5 月份，中国银保监会发布了《银行业金融机构数据治理指引》，明确了国内金融机构数据治理的要求，结合之前就已经发表的《DAMA 数据管理知识体系指南》，当前关于数据治理的知识体系方面已经有了很丰富的参考资料，可以帮助企业了解"广义"的数据治理（即数据管理）是什么、为什么、怎么办等内容。

　　在国内银行、通信等数字化领先行业的多年数据治理实践历程中，多以 IT 牵头开展的广义数据治理工作普遍由数据标准、数据质量、元数据、主数据、数据架构与模型为主要内容，但特别缺少有关"狭义"的数据治理应如何开展并保持可持续的有效性。而"狭义"数据治理的缺失又导致"广义"数据治理效果不佳，从业者多困惑于此。于是，我们想到了 John Ladley 以及本书。John 是数据治理领域的国际知名专家，曾任 IMCue Solutions 的主席，First San Francisco Partners 的合伙人等职务，也是连续多年国际数据管理峰会 (Enterprise Data World) 的演讲人，他编写的这本书是在美国发行量最大的数据治理书籍，在本书中，John 详细介绍了如何开展"狭义"的数据治理，列举了数据治理的工作方法，每步的工作步骤以及相关的模板等，这些内容既是对当前国内已经出版内容的补充，也可以更好地帮助开展国内数据治理工作，为此，我们开始了本书的翻译工作。

　　翻译是一个很漫长的工作，由于日常工作很多，只有入夜之后才能静下心仔细琢磨，为了力求准确表达作者的原意，在翻译过程中还查询了很多相关的资料，因为在 John 的这本书中引用了很多其他作品中的名言名句，特别是引用了很多特里·普拉切特的幻想小说中的语句，为此多次跑到图书馆查询相关资料。同时，在本书中没有区分数据和信息，作者认为数据治理和信息治理是等同的。在翻译过程中还有一些观点我们认为可能并不适合当下国内企业数据治理实践现状，但是为了更准确地表达作者的含义，我们就原封不动地翻译过来。例如，John 在文中多次强调不应该存在独立的数据治理组织，而我们认为：在数据资产日益重要的今天，独立的数据治理组织依然是很必要的，国内甚至国外绝大部分企业仍然需要独立的数据治理组织，才能有效推动工作的启动、发展和持续。我们也理解，John 事实上已经进入了数据治理事业的更高一层境界即无我与无为的状态,因为他认为,数据工作本来就应该是一项重要的组织职能,组织中每个人的日常工作过程中都应该、也必然需要包含数据相关的工作,所以就不需要独立的部门进行推动,这是 John 的美好愿景,我们也希望这一天早日到来。

随着大数据与人工智能概念的逐渐普及,数据治理也得到国内业界越来越多的重视,中国科学院梅宏院士在多个场合强调了数据治理的重要性,梅宏院士认为数据治理体系涉及数据资产地位的确定、相应的管理体制和机制、共享和开放的原则和机制、安全与隐私保护的政策等内容,其中最重要的是数据资产地位的确立,这也是当前国内很多企事业单位数据管理过程中面临的问题,大家都强调对大数据的重视,但是需要更多的人把口头的重视落实到具体的行动中,在中国电子技术标准化研究院于 2017 年发布的数据管理能力成熟度发展情况的调研报告中,有超过 87% 的企业很重视数据资产,但是能够落实到具体的行动中的企业不到 10%,这一数字也非常准确地体现了数据治理在国内各行各业发展的现状,也充分说明了整体而言,数据治理在国内仍然处于认知和早期实践探索阶段,学习国外优秀理论和实践经验仍然对众多企业大有裨益,同时也说明了"知行合一"的重要性。

根据近年来我们对业界的观察,越来越多的企业已有数据治理整体规划和顶层设计,在此基础上更加注重落地见效,更关注数据治理在具体业务领域价值的体现,从小处着手,抓住业务的痛点,借助数据治理帮助业务解决问题,进而体现数据治理的价值。从近年国际数据管理峰会的内容看,国际数据治理工作的关注点也更加聚焦于业务价值方面,这也是本书贯穿始终的关键思想,从愿景、数据治理需求和业务协同、业务案例等方面都会强调数据治理如何更好地服务于业务,也希望本书能够给大家带来更多的帮助。当然,本书内容是在国外企业文化与管理理念的大背景下形成的,在国内实践还须结合国内企业实际情况进行适当调整,我们也很乐于与国内数据从业者一起共同探讨、探索更适合中国企业的数据治理有效实践之道,让数据资产的价值得到更充分的释放!

在本书的翻译过程中,御数坊公司的杨科学、郭星、王钊负责了后面部分附录内容的翻译、校对和统稿,在此表示感谢!

译 者

目　录

第1章

概　述

在和别人充分沟通之前,我们的观点不会真正开花结果。

——马克·吐温

本书虽然主要目的是让读者对数据(或信息)治理工作的部署、实施或"运营"(stand up)有一个全面的了解,同时它也是在对其他有关数据治理文献进行补充。如果你已开始实施数据治理工作,但是进展不畅,本书会有很多建议可供参考。随后章节中的观点和流程都尝试尽可能保持中立。除了大量的背景、定义和最佳实践外,本书还介绍了用于实施数据治理所需的通用步骤和活动。一些案例研究样本和部分交付物将有助于将治理流程串联在一起。附录还包含了一些模板,它们可作为你创建各种交付物和产出成果的起点,或者作为对现有治理工作的补充,以弥补其在治理成功所需要素上的缺失。

本书内容代表了我们多年的数据治理实践工作。这就是作者用代词"我们"的原因[①]。你要读的材料融入了大量实践经验和提炼后的内容。这些流程不是一个人关于要做什么任务的随笔,它们是经过实战验证的。有些材料可能与已发表的其他方法有差异。一旦遇到这种情况,尽量标出来。

例如,数据治理研究所 Gwen Thomas 定义了数据治理生命周期,它关注整个数据治理生命周期,从学习治理、理念推广,到落地实施,而我们只专注于数据治理的落地实施。

由于本书要面向两类读者,因此内容被分成两个层次。第2～4章可以被认为是数据治理的总体概述,适用于 CIO(首席信息官)和其他组织领导人员阅读,其余章节提供了进一步开展的工作细节。这样,项目经理就可以从头到尾阅读全书,但高级管理人员通过阅读第1～4章也会发现数据治理的价值收益。

本书还有一个目的,就是使读者相信,数据治理(DG 或 IG)并不是一种新的 IT 或技术项目。此外,数据治理并不需要太多额外的资源。也就是说,一旦可以正确实施,就不需要在数据治理的人力和资本方面进行额外的投入。事实上,数据治理实施非常完美的

---

① 一位早期的评论家评论说我们是"引路咕噜"(channeling Gollum,电影魔戒中的虚构角色),多么准确的评价!

组织内部几乎或完全看不到独立数据治理职能部门。因此,虽然本书看似是"如何做治理"的简易指南,实际上却是一本不折不扣的,用来说服组织换一种方式思考如何管理信息和数据的著作。显然,真实数据治理要求组织采取差异化的方式使用和管理数据内容、含义、信息、文档、媒体等,数据治理工作就是对这些内容以及创建、使用、处理这些内容的项目及流程等方面的监管。

尽管有些作者区分数据治理和信息治理,但本书对二者不作区分。从实践角度看,它们没有真正差别,尽管我们可以想象出二者相异的哲学争论点,但实践经验表明,这些讨论只会混淆概念,降低工作效率。

如果组织要实现主数据管理①、构建业务智能(BI)、改进数据质量或管理文档,数据治理绝对是确保成功的一个强制性要求。然而,数据治理不是一个长期的附加流程,这似乎与本书写作期间蔓延在信息行业的许多文献观点相反。例如,当你开始设计数据治理架构时,会发现有很多文章在论述如何设计数据治理"部门"。

每天工作结束后,我们都要调整员工行为和业务流程,目的是更清晰地思考如何管理和提供数据。一旦正确地做到这一点,就不需要增加大量人员从事新工作。组织喜欢赶时髦,不停地实施一系列"大工程项目",直至束手无策。坦率地说,本书决心防止这种现象发生。当涉及数据治理时,这个"魔鬼"就会存在于思维模式(以及细节)中。

如前所述,第2~4章主要是面向管理人员的内容,目的是提供数据治理背景、价值定位和业务相关性。

第2章首先建立一组通用术语,作者在这方面的实践表明,对于术语理解方面,任何细微的差异都可能引起巨大的问题。因此,我们将给出一组术语、定义以及相关的应用场景,当引用一个数据定义时,会首先明确使用的场景,这样,即使看到的是一个术语(如"制度")的另一个版本的定义,但至少能有一个参照物。

我们将坚持使用业务术语,如果是关于一个主题的技术内容,它也将用业务术语表达。如果能用一个业务比喻说明某事物,就会用它代替技术定义。

一旦术语体系已经被建立,数据治理或信息治理工作的基本元素也就基本明确了。我们将逐一介绍建立和运营数据治理工作需要的核心管理和业务概念。由于数据治理是一项业务工作,因此你会发现对于人员、流程和信息技术的交互和相关内容的审核就理所当然了。

请仔细阅读后续章节中涉及数据治理工作范围的内容,在组织开始讨论数据治理范围和排定工作优先级时,这是人们经常会犯的关键错误之一,关于这个问题的分析也会演变成对数据治理业务角色的讨论。数据治理要想成功,组织管理层需要清晰地理解数据治理的价值定位。总之,本书的这部分内容很重要,因为如果组织对数据治理的理解不正

---

① 如果不熟悉元数据、数据质量等术语,不要担心,第2章有相关定义。

确,就会导致倾向于把它纳入 IT 部门组织架构职能中,这通常是致命的错误。

组件、范围和业务角色是描述数据治理职能概况整体内容中的一部分,随后就要对谁应该负责治理工作、他们需要执行什么活动、实际治理内容是什么,以及用什么方式实施数据治理等内容进行详细分析。

第 1~3 章重点介绍从管理层的视角看应该如何实施数据治理,从而组织的 CEO(首席执行官)就有足够信心把这本书传递至下属,指示他们制订工作计划。本质上讲,本书的第一部分涵盖了业务思维的高阶内容,如果把企业的信息架构领域展示为一个从概念到物理的矩阵或框架视图,可以说,前几章解决的是矩阵或框架视图最上面两层①。也就是说,这几章涵盖概念和逻辑视图的数据治理实施内容。图 1-1 显示了这一点。

接下来几章将从定位和理解角度描述治理的中间层。第二层从适合管理层阅读的两章开始。第 4 章讨论数据治理的价值定位,第 5 章介绍数据治理工作的实施过程。

第 4 章就是从数据治理的业务案例开始,这是一个值得独立成章的主题。客户经常在如何提高数据治理工作投资回报率(ROI)问题上寻求援助,在多数组织中,启动数据治理的最大障碍是如何推销或者建立数据治理的业务案例。本章将描述数据治理的有形和无形的业务驱动因素,坦率地说,制订数据治理这类项目的投资回报率通常是为了迎合缺乏理解的、政治作秀的或反对任何"新事物"的保守人员。数据治理不是具有传统投资回报的"项目",它确实增加了业务价值,而且将数据治理价值作为业务案例整体的一部分也许是展示其定位的最佳方式。我们还将通过业务案例章节了解如何确定指标,以便持续开展数据治理工作。

关键概念

在阅读过程中,偶尔会遇到突出显示的部分(像这样),它们被称为"关键概念""小贴士"或"成功要素"。它们通过突出重点或编写一个轶事强化作者的观点。例如,数据治理业务案例有别于常规案例的原因在于它的内在属性,用计算 ROI 评估数据治理是否合理,就如同要求会计部门,甚至董事会,每年用与现金流相关的回报率证明它们存在的合理性。这就是尝试用一种与事物本身运作方式不相容的方法对它进行评估。然而,使用 ROI 验证的念头仍然不时吸引着董事会!

理解第 5 章内容以及第 2 章中相关概念所处场景很重要。你可以直接深入阅读第 6~13 章中的任务列表,像从 A 点到 B 点这样的顺序前行,但你会发现经常需要返回到第 2 章和第 5 章,弄清楚为什么要求特定时间做特定事情。

---

① 图 1-1 展示了一个经过修改的框架视图,它是我们这些信息极客用来跟踪工作的通用框架,被称为 Zachman 框架(以提出这个框架的人命名),非常感谢 John 允许我们使用它。它有效地展示和解释了企业如何将概念思维与物理实现联系起来。这就是我们将其包括进来的原因。

图 1-1 是用修改的 Zachman 框架描述本书范围的示意图。

Zachman 企业架构框架 / 治理影响

受众		何物(数据)	如何(功能)	何地(网络)	何人(谁)	何时(时间)	为何(动机)	交付件
识别	业务视角	重点对象	主要的功能	区域/部门	组织	战略	战略	范围,列表
	架构视角	业务主题	流程类型	位置类型	人员/团体	财务年度	目的	
	数据治理角色	业务协同	业务协同	业务协同	业务协同	合规	业务协同	
定义	业务视角	相关的对象	流程	位置	角色/用户	业务周期	业务规划	业务模型
	架构视角	实体	流程模型或应用例	联邦	工作产品	事件时间	目标	
	数据治理角色	标准化	标准化	标准化	治理角色	合规时间	业务协同	
表示	业务视角	相关的对象	规则/过程	系统位置	系统角色	系统间隔	KPI/度量	逻辑模型
	架构视角	模型/定义	屏幕/算法	系统联系	系统产品	系统时序	指标	
	数据治理角色	标准化	规则/政策管理	标准化	规则/政策管理	合规控制	业务协同	
规范	业务视角	特定的对象	应用程序	技术位置	技术角色	技术间隔	技术成果	技术模型
	架构视角	表/EXCEL	程序	技术联系	技术工作产品	技术时序	技术应用	
	数据治理角色	标准化	标准化	标准化	规则/政策管理	合规控制	测量	
配置	业务视角	工作的对象	文档转换	工具位置	工具角色	工具间隔	工具成果	工具和组件
	架构视角	数据库	系统工具	工具联系	工具工作产品	工具时序	工具应用	
	数据治理角色	标准化	标准化	标准化	规则/政策管理	合规控制	测量	
实例	业务视角	操作内容	数据输入和输	操作位置	操作角色	操作间隔	操作动机、	操作
	架构视角	和信息	出、转换、消息、服务	联系、接口	资和工作产品	事件	末端方式或用	
	数据治理角色	持续测量	息、持续测量	持续测量	持续测量	持续测量	持续测量	

第 2~4 章展现在这些场景

第 5~13 章展现在这些场景

图 1-1 用修改的 Zachman 框架描述本书范围

第 6～13 章描述了用于实施数据治理流程各阶段的细节,包括审查每项活动、任务、工作交付件和产出。在书籍空间允许范围内,我们将给出如何具体执行活动的示例和想法。因为这类书籍很容易膨胀到 500 页或更多,所以需要在培训教材和写作书籍之间取得平衡。

请注意,第 12、13 章重点介绍数据治理所需要的行为管理和组织变革,尽管阅读一本企业文化变革管理方面的教科书是有益的,但本书不属于这类。我们确实在数据治理背景下深入研究了这类活动。千万不要对此掉以轻心,如果不管理这些与数据治理相关的变革,数据治理工作将失败。

第 14 章通过数据治理方面技术概况的介绍总结我们的材料,内容包括可以使用的各类技术,如工作流、企业架构、建模、协作、内容管理等。

第 15 章进行了全面总结。通过对概念的重复,强调一些必须的、非常有帮助的概念。除了关键成功因素(CSF)之类的通用清单外,你会发现很多实用要点可用于推销和维持数据治理的工作。

我们热切希望你能从本书中找到启动和运营数据治理工作的价值。如果你已经拥有了本书,希望该书能够给你一些启发,促使你始终保持成功。如果你有任何意见或反馈,请访问 www.makingeimworkforbusiness.com。谢谢你花时间和精力阅读本书。

第 2 章

定义和概念

比喻难以实施。

——约翰·拉德利

虽然本章的题目是定义和概念,但它不仅仅是词汇表或数据治理套话的重复。我们需要花费一些时间了解术语背后的深层概念,它们影响数据治理的相关流程。另外,我们不仅仅把定义摆在那里,还解释了这些术语或概念是如何适应实际数据治理实践需要的。另外,只要一个术语或概念在现实世界中以不同方式使用,我们将给出其差异。无论哪种方式,我们将确定你需要知道的所有术语定义,以便理解本书的其余内容。数据治理通常被称为企业信息管理(EIM)学科的一部分。事实上,对数据治理概念的很多困惑就来源于对它如何适应信息管理的观点的差异。

信息管理通常按照《数据管理知识框架》(简称为 DMBOK)定义和理解。DMBOK 将数据管理标记为信息管理的同义词。这很恰当,因为我们也认同这一立场,即对于数据治理来说,数据、信息和内容(如文件、媒体等)都是一样的原料。对于本书的其余部分,信息管理、数据管理和内容管理以及数据治理、信息治理和内容治理都是相同的概念和活动。

关键概念

如果可能,我们将使用 DMBOK 中的定义,除非是 DMBOK 中没有的,或者行业趋势已明显改变了术语定义的。即使作者不认同 DMBOK 的定义,我们也将与 DMBOK 消除隔阂,携手并进!

2.1 数据治理相关的概念

我们先不定义术语"数据治理",而是从治理发生的内容、位置开始。因此,在深入研究数据治理领域的定义之前,需要理解三个相互关联的关键概念或术语。它们是

- 数据(信息)管理;

- 企业信息管理；
- 数据(信息)架构。

2.1.1　数据管理

依据 DMBOK,数据管理(DM)是

(1) 为了获取、控制、保护、交付和提升数据和信息价值,制订和执行相关规划、政策、实践和项目的业务职能。

(2) 一个实施和评估数据管理职能的方案。

(3) 完成数据管理职能需要的学科领域。

(4) 从事数据管理工作的独立职业。

(5) 有时是执行数据管理活动的数据管理服务组织的同义词。

(6) 在数据治理的场景中,读者需要理解这个定义中用到的下列关键术语[①]。

- 业务职能:21 世纪以后的商业活动要求组织停止继续将数据、信息等视为便利设施。在本书写作期间,作者在技术和业务方面出版物中找到四个新闻报道,都是由于数据处理不当给商业或政府组织造成了巨额的资金损失[②]。

- 工作—数据/信息:数据治理不是一个具有明确始点或终点的项目。一旦启动,它需要在一个"持续关注"理念下运作。数据治理和其他类型治理一样,譬如监管合规,也是持续性工作。

- 学科:治理,就其特定含义而言,意味着它注定是非常严谨的。在计算机应用开发初期,新任系统分析师经常会问:"我们如何强化标准?"。当时,"强化"一词被认为太苛刻。坦率地说,在某种程度上,治理是一套具有"强制执行"特征的流程——遵循规则、维持纪律并期望相应的结果。

这里需要领会的关键概念是要有一个严格、正式的流程管理数据,它是初始要求。

2.1.2　企业信息管理

DM 或 IM(信息管理)在 DMBOK 书中的定义是通用的,但谈论企业级工作时确实需要澄清一些事实。这是因为,从历史上看,正式的数据或信息管理是一个局部职能。任何 IT 团队都能更严格地遵循特定应用程序或业务职能中的信息规范。然而,本书的术语"企业信息管理"(EIM)专用于企业层级工作场景,因此我们需要有不同的定义和概念。

EIM 是企业为支持业务和提升价值而进行的信息资产管理工作。EIM 管理企业的

---

① Mosely,Mark,编辑,"DAMA 数据管理词典",New Jersey,Technics Publications,LLC,2008.

② 摘自 CNN,华尔街杂志 2011,8 月 20～22 日. 加州医疗隐私泄露,德国脸书讨论.

信息规划、政策、原则、框架、技术、组织、人员和流程,目标是实现数据和内容的投资最大化。

你不能按部门实施 EIM。EIM 更多地代表了管理数据资产需要的方向、理念和思维方式。正如这里定义的,信息或数据管理是为了实现信息资产管理而必须实际做的日常"工作",它是把信息作为公认和正式资产进行管理的工作计划,EIM 是企业级的支撑和思维模式(见图 2-1)。

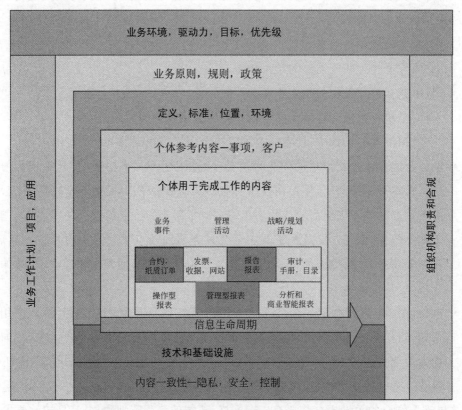

图 2-1　EIM 概略图

2.1.3　数据架构

在 IM 或数据治理相关讨论中,经常会听到另一个术语:数据或信息架构。DMBOK 对信息架构(或数据架构)的定义有点令人费解,更偏向技术性解释。其完整定义可以参阅 DMBOK,这里总结如下。

(1) 它是一组数据模型和设计方法,通常用来确定企业级的关键数据需求和数据管理解决方案组件内容。

(2) Zachman 企业架构图中的"数据"(架构)一栏明确六个不同类型的设计交付件,

每个类型代表一个层次的抽象概念。(注:这并不是我们常用的业务定义,参见第 1 章的 Zachman 解释。)

(3)在很多常见的场景中,数据架构指支持数据管理的技术基础设施,包括数据库服务器、数据复制工具和中间件。

作者在进行数据治理的管理培训时从不用前面的定义,而是使用更简洁的版本:信息架构表示信息管理的环境、组件及其如何交互的蓝图。这张蓝图(或抽象概念)将框架、人、流程、项目、政策、技术和步骤等信息关联在一起,以便于管理和使用有价值的企业信息资产。

一个信息架构的细节应包含以下元素:

- 模型或其他可视化抽象图,用来表示管理数据的"要素"是如何结合在一起的。
- 一个标准目录,列出允许的数据格式、数据表示和数据用途。
- 管理数据(或信息)工作的组织描述。
- 协同业务优先级和技术一致性的架构价值声明。
- 在数据治理的场景里,信息架构包含了实际需要治理的内容。

2.1.4　数据治理和治理

以标准方式管理信息资产的相关概念已经建立。现在需要一个流程,以确保管理工作真正到位,并被正确执行。用会计思维替换技术思维,会计管理财务资产时会受一套原则和制度约束,并被审计人员审查,以确保财务资产能够被正确管理。这就是数据治理针对数据、信息和内容资产需要做的工作。

DMBOK 定义数据治理为:对数据资产的管理行使权力、控制和共享决策(计划、监视和执行)。反过来,治理被定义为"对过程、组织或地缘政治领域行使权利和控制,就是制订、控制、管理和监控符合政策的过程[①]"。显然,这个定义与政府的定义大同小异。

在制订数据治理政策和工作时常常对数据治理有不同的定义。例如,在咨询工作中经常使用的定义:"数据治理是策略、过程、结构、角色和职责的定义和实施,这些内容列举并强调了信息资产有效管理过程中的约定规则、决策权和责任"。无论如何定义数据治理,底线是数据治理是通过权力与策略相结合的方式确保信息资产的正确管理。

确信你没有混淆"数据管理"与"保证数据被管理",下面介绍一个概念。我们称它为"治理 V"(见图 2-2)。

V 左边是治理——它向数据和内容的生命周期管理提供输入,包括规则和政策,以确保能够按照约定的方式实施数据管理。V 右边是实际的"执行"——实际进行信息管理的

_____

① 引自 DMBOK。

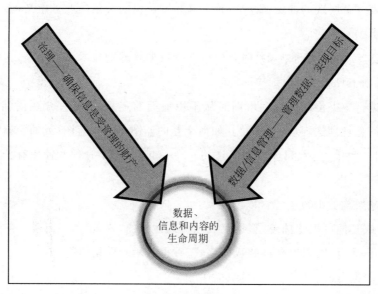

图 2-2　治理 V

管理者和执行者。左边是数据治理(DG),右边是信息管理(IM)。在数据治理工作中,绝对有必要记住下面一句话:

数据治理不是管理信息人员所承担的职能。

这意味着管理者和治理者的责任必须保持隔离。V 是一个图形示意,这个概念可能业务人员比较了解,而 IT 人员会常常作为问题提出来。例如,在业务上有审计人员和管理人员之分。管理人员按照规则和标准控制、监督和确保工作顺利完成,而审计人员验证这一切是否符合标准,并按要求定义和实施新的控制和标准。数据治理也需要采用与上述完全相同的方案。数据治理"区域"(V 的左边)识别需要的控制、策略和流程,并制订规则,而信息管理者(基本上是所有其他的人,V 的右边)则遵守这些规则。

这两条线的汇合点(V 的底部)是数据生命周期全过程中的管理活动:数据、信息和内容的创建、使用、操作和最终的销毁。

小贴士

始终保持对治理 V 统一的认识——你会惊讶于它的帮助有多大。

数据治理的内在定义可以把数据治理的通用定义与治理 V 相结合,从而形成一个组织专用或相关的定义。例如:

"数据治理是 ACME(组织名称)管理其架构、政策、原则和质量的工作机制,确保准确、安全无风险地访问数据和信息。数据治理要建立标准、责任、职责,保障 ACME 在管理信息处理的成本和质量时能够实现信息应用价值最大化。数据治理能实现 ACME 的信息应用一致、整合和受管制"。

其他定义示例：

数据治理是一个影响整个业务的、独立于数据(或信息)管理的业务流程。《数据战略》

数据治理是进行决策和监视数据管理执行流程的责任和过程框架。《金融组织》

……从组织整体的视角出发,关注我们业务领域的主要"痛点"。《金融服务》

……指定人员、流程和技术。《数据战略》

……人员、流程和技术的编制,以支持将数据作为企业资产加以利用。它通过业务线、职能领域和地理区域影响整个组织。《软件公司》

……规则、监督和执行以及组织文化上可接受的技术。《数据战略》

一个按照共同约定的模型执行与信息处理流程相关的决策权和职责体系。该模型描述了何时、何地、在什么环境下、用什么方法、由谁对哪些数据进行什么活动。《咨询师》

要明确的是,它是对业务数据行使管理权的实践活动。《化学公司》

至此,我们已经解释了 EIM、IM 和 DG(见图 2-3)。读者看完后可能想:"就这些?",这完全是可以理解的。然而,除阅读本书的商务人士外,对于 IT 人员,值得花时间回顾这些概念。坦白说,业务人员都了解"实物"资产场景中的这些概念。除了使用会计比喻外,还可以使用供应链作比照(见图 2-4)。

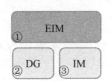

图 2-3 EIM 相关概念

图 2-4 供应链比喻

因此,回顾以下这些概念:

- EIM 类似供应链管理工作,是一种以效率为目标的整体管理哲学。
- 数据治理就像审计,定义和验证规则、标准和政策。数据治理是 EIM 中有关"质量保证/审计/合规性"方面的内容。数据治理设计信息管理所需遵循的规则。IM 执行具体的管理工作。
- 信息管理好比库存管理——都是实际触及、移动、跟踪和管理资产的活动。

2.1.5　解决方案

除了本章已介绍的概念外,还需要了解一些概念和术语,它们与数据治理需要支持的各种业务解决方案密切相关。在研究解决方案的类型之前,需要了解与所有这些解决方案相关的一个关键主题:无论所治理的数据或内容是什么类型,数据治理本质上都以相同方式完成。也就是说，从"如何做"的数据治理角度看，我们定义的解决方案在如何实施数据治理上不存在差异。

通常开展数据治理工作的三个领域是：

- 主数据管理；
- 数据质量；
- 商业智能。

2.1.6　主数据管理

主数据管理（MDM）实质上是和客户数据集成（CDI）类似的解决方案的集合，理论基础是要建立一个关键数据主题的"黄金版本"（如客户）。该"黄金版本"是有关客户信息的唯一真实数据源，其他使用客户信息的应用必须从这个中心或黄金版本中获取信息。在除客户外，其他主题的数据也需要类似的黄金版本时，CDI 就变成 MDM。在物料部件（item）、产品、供应商等多个领域，公司都面临拥有黄金版本的需求：它们在各个系统之间不一致或过于场景化。我们原先称其为主文件，后来改称主数据管理。

DMBOK 的主数据定义是："……为交易数据提供上下文场景的数据。它包括涉及业务交易内部和外部对象的细节（定义和标识符），包括有关客户、产品、员工、供应商和受控值域（代码值）的数据"。对应地 MDM 的定义是："保障参考数据在整个企业中保持最新且协同一致的流程，对组织内部广泛应用数据的组织、管理和分发[①]。"

显然，如果 MDM 代表整个企业数据分类的管理流程，那么数据治理就需要进入我们的视野。后面将谈针对 MDM 的数据治理。

数据治理可以在以下几方面为 MDM 提供显著的支持。

（1）确保标准能够被定义、维护和执行。

（2）确保 MDM 工作与业务需要一致，而不仅仅是技术工作。

（3）确保组织能够接受和采用实施 MDM 所必需的数据质量、流程变更以及其他新的活动。

2.1.7　数据质量

数据质量可能是 EIM/数据治理领域中最常讨论的术语或概念之一。一旦知道它真正代表什么，就很容易理解。数据质量绝对是大多数数据和信息问题的根本原因，修正数据质量是数据治理和 MDM 的主要推动力之一。

DMBOK 区别对待数据和信息的质量，本书不区分这两个概念，因为治理是针对两者

---

① Mosely，Mark，编辑，"DAMA 数据管理词典"。

的治理。两者都在这里介绍：

- 数据质量是指数据符合相关的要求、业务规则以及给定用途的准确、完整、及时和一致的程度。
- 信息质量是信息在履行职责时始终满足知识工作者要求和期望的程度。在特定应用背景下，是指信息满足该应用要求和期望的程度[①]。

显然，虽然这两个定义不同，但它们指向同一个方向。理解数据质量的最佳方式是所讨论的内容必须是有效的或是符合其目的的。这意味着，如果你的组织认为客户数据的"质量不佳"，那么就需要了解其涉及的目的、活动或背景，以及这个质量差距是如何衡量的。糟糕的客户数据意味着地址错误或过多重复吗？你需要明白的是，"不良数据"不仅只是出现，而且几乎必须通过改变流程或习惯（或者两者同时）才能得以修正。这就是为什么本书到现在才出现数据质量的定义。它是治理的关键驱动因素，因为没有治理，数据质量工作就成为代价高昂的一次性工作。

数据治理通过以下方式支持数据质量解决方案：

(1) 确保数据质量标准和规则能够被明确定义并被集成到开发和日常运营中。

(2) 确保持续进行数据质量评估。

(3) 确保流程优化和优先级管理的相关组织问题能够得到解决。

2.1.8 商业智能

商业智能（BI）起源于 20 世纪 90 年代高德纳咨询公司（Gartner Group）[②]提出的术语。自那时起，BI 成为一个标签，用来描述一种自我感觉很酷的数据查看方式。引用 DMBOK 的 BI 定义是：

(1) 知识工作者通过查询、分析和报告活动，监督和了解企业财务和运营的健康状况。

(2) 查询、分析和报告的流程和程序。

(3) 商业智能环境的同义词。

(4) 商业智能软件工具市场细分的一部分。[③]

从数据治理视角看，我们将坚持这个定义：从根本上来说，BI 意味着一个核心概念——利用信息实现组织目标。其余都是技术层面的，与我们关于治理的讨论无关。数据治理以多种方式增强了 BI：

(1) 数据治理用来保障 BI 活动和业务活动一致。许多 BI 相关工作的价值没有发挥

[①] Mosely，Mark. 编辑，"DAMA 数据管理词典"。

[②] Power，D J. "决策支持系统简史"取自 2010 年 11 月 1 日。

[③] Mosely，Mark，"DAMA 数据管理词典"。

出来,因为它们只是将数据反馈给请求者,而不是尝试改变业务本身。

(2)数据治理能够保障良好的数据质量,这是 BI 的重要支撑。数据剖析活动就是在支撑 BI 数据质量需求的背景下,实施数据质量修正工作。

(3)数据治理保障数据标准和算法的一致性。通常,多个业务领域会定义同名不同义和(或)同名不同规则算法的指标。

(4)最后,我们将数据治理作为已定义的 BI 交付体系架构落地实施的重要保障(即保障组织避免电子表格、Access 数据库和不受控制的冗余数据指数级增长)。

2.2 其他术语

我们经常使用的其他几个术语与数据治理的实际工作有关,随后的内容中会详细介绍它们,但是,提前了解一些也是很有帮助的。

2.2.1 原则

有效治理的核心是组织原则。DMBOK 对其的定义是:

(1)基本法、原则、前提或假设。

(2)规则或行为准则。

原则是哲理的陈述,可以将它们比作权利法案的核心信念,它们是构成围绕信息资产管理(IAM)的所有政策和行为的"锚",是指导日常工作和决策工作的信念。原则不能与政策(见下文)或规则混淆。通常,我们看到组织制订融合了哲学、政策、流程和执行的一套规则。这不是理想的方式,规则并不具备信仰的分量,它们很难维护,也不灵活。数据治理是一种行为变革,而不是过程修正主义。这可能看起来很困难,但是按照图 2-5 所示的结构做,长期看是有回报的。

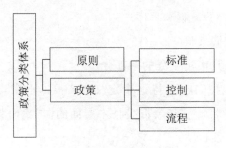

图 2-5 原则和政策结构

由于原则非常重要,因此我们设计了一组总体原则,这些原则有意地参照了 GAAP 或通用公认会计原则的模型。GAAP 和美国财务会计准则委员会指定了财务会计的基本和强制性原则和标准,我们称它为 GAIP(通用信息准则),敦促客户将其作为公司原则的重要组成部分。图 2-6 是 GAIP 的概要总结。

原 则	描 述
内容即资产	所有类型的数据和内容都是具有任何其他资产所有特征的资产。因此,它们应该像其他物质和金融资产一样进行管理、保障和核算
实际价值	所有数据和内容都有价值,这是基于它们对组织业务/运营目标的贡献、它们内在的市场性和/或它们对组织声誉形象（资产负债表）的贡献
持续关注	数据和内容不被视为实现结果的临时手段 (或仅是业务副产品),而是对成功、持续的业务运营和管理至关重要
风险	数据和内容存在风险。这种风险必须得到正式识别,要么作为一种负债,要么通过产生成本管理和减少固有风险
尽职调查	如果已知风险,则必须报告;如果存在风险,则必须予以确认
质量	数据和内容的相关性、意义、准确性和生命周期可以影响组织的财务状况
审计	数据和内容的准确性须定期接受独立机构的审计
认责	组织必须确定最终对数据和内容资产负责的相关方
负债	信息中的风险意味着,所有基于监管和道德误用或管理不善的数据或内容都存在固有的财务负债责任

图 2-6   GAIP™通用信息原则

2.2.2   政策

政策是数据治理领域的一部分,对于新的数据治理职能,可能是有益的,也可能是有害的。DMBOK 的定义似乎很简单:

"为实现一组目标而选择的行动过程陈述和所需行为的高级描述"。

但是,对于新的数据治理职能来说,在没有任何实质内容情况下发布政策很容易。政策的实质在于它是原则的编纂。政策是可执行的流程。原则往往过于崇高,无法直接实施。政策需要具备可重复性,且易于培训。标准就是一种政策或者是特定政策的一项特征,如数据命名标准或数据质量标准。标准对治理至关重要。

2.3   部分核心概念

最后,对于数据治理而言,还有几个重要概念需要了解。需要现在了解它们的主要理由是:

• 数据治理工作通常不能顺利启动;

- 数据治理通常被认为费用昂贵;
- 数据治理通常没有正确的界定范围;
- 数据治理包含组织变革,但这个变革常常被忽略,实施时通常已为时已晚。

后续会深入讨论每个概念的细节,但同样,提前意识这些概念的重要性也是有益的。

2.3.1 E 代表企业级

数据治理是企业级工作。它可以在部门实施,但一定不要将其当成部门项目。企业能在一个部门执行财务控制,而在其他部门不执行吗? 我们需要用同样的方式看待数据治理。

2.3.2 业务工作

数据治理是面对业务或组织的,它从来都不是 IT 工作。随后将讨论为什么 CIO 不应负责数据治理。事实上,IT 和技术领域就像管理信息的业务领域,可能被更改或强制执行。现在,只要记住我们正在构建一项业务工作,并且该工作必须随着时间推移会增加价值。

2.3.3 演进和革命

数据治理需要在精心设计的实施中以迭代方式实现。你需要学习如何治理数据,这不是本能,也不是一个大爆炸式的尝试,只有最困难或最绝望的组织才会大规模地全面开展数据治理。理智看待数据治理的提升路径——如果正在阅读本书,就表明你还没有完全清楚如何进行数据治理。你需要经过一个过程演进,学习如何进行数据治理。学习有四个不同的阶段,它们既适用于组织,也适用于个人。

(1) 铭记——能够重复,但不理解。组织能够表达数据治理概念的定义。

(2) 理解——组织能够领悟数据治理的本质和重要性(大多数组织会停止在这个阶段)。

(3) 应用——组织已经十分了解治理,并开始使用数据治理概念,但只是针对触发事件的直接反应(例如,由于数据质量差,于是着手治理数据质量)。

(4) 关联——组织开始创造性地应用数据治理概念,并且在多个复杂场景中使用(例如,针对已经出现问题的 ERP 或 MDM 项目,进行一些治理改进工作)。

2.3.4 信息管理成熟度

一种广泛使用的方法是通过成熟度等级观察组织执行信息资产管理的能力。提供信息解决方案的咨询公司和厂商设计了多种形式的信息管理成熟度(IMM)等级。《以业务为驱动的企业信息管理》[①]中有全面的介绍。表 2-1 总结了基于能力的信息管理成熟度模型(图 5-2 也对各种成熟度等级进行了比较)。IMM 是一个关键概念,这种度量数据治理进展和效果的方法通俗易懂。如果信息管理成熟度得到提升,就表明数据治理正在起作用。

表 2-1　基于能力的信息管理成熟度模型

等级	描　　述
初始	组织处于创业期,数据归个人所有,信息成熟度是混乱和因人而异的,没有制订业务行为规则或标准,数据质量远不能满足数据集成需要,数据处理成本高
可重复	部门级数据已变得规范。类似数据分析等复杂应用都是部门级的、专用的和高成本的
已定义	企业开始从企业级视角思考问题,探索一些跨应用和孤岛的整合,期望逐步形成数据认责机制。IT 开始进行与业务间战略一致性行动,制订数据标准,正式并且集中地管控数据质量。数据应用已经普及,数据管理的效率得到提升
已管理	跟踪数据和内容资产,理解和记录所有内容间的血缘关系。应用分析结果建立闭环流程,形成闭环,也对邮件、文档、网页内容进行管理,并可以按照"行列标签"调阅。数据质量被嵌入业务流程中,不再是事后修正
持续优化	不用再纠结信息资产是否已被有效管理,它们已经完全融入组织机能中,并且已制订了有效的度量方法促使信息管理支持业务创新。即使没有纳入财务报表,组织也能够依据信息内容做出价值报告

不要把成熟度与学习阶段混淆,它们之间虽不可转换,但相互支撑。依赖于组织的文化和环境,你都可能需要完成四个阶段学习实现每个成熟度等级。

2.3.5　管理变革

你阅读本书的原因是你的数据有问题。根据定义,出错就需要改正。改正意味着进行变革,以确保不再出错。底线是,数据治理并不是在业务和技术职能正常不变的情况下完成,可能发生变革。但是,有些变革不会被顺畅接受,实施数据治理的部分工作就是管理变革。

2.3.6　信息资产管理

信息资产管理是刻意放在本章结尾的最后一个概念。到目前为止,本章已经介绍了数据治理是管理数据资产的关键因素,比较了数据治理与信息管理,回顾了可能触发 IM 和数据治理的具体解决方案。现在需要谈谈信息的资产特征,并将这些概念纳入 IAM 框架中。我们也认识到,建立数据治理(数据治理)与数据管理两者关系后再讨论整个"信息是资产"更合适。

[①]　Ladley, John,"让 EIM 为企业工作《业务驱动的分企业信息管理》)" Morgan Kaufman, 2010.

IAM 描述了一种基于业务的方法,以确保数据、信息和内容都被视为具有真正的业务和会计意义上的资产——避免由于数据和内容的滥用、处理不善或监管审查而增加风险和成本。请反复品味这句话。执行数据治理意味着将数据视为资产,而不是比作资产。我们确实把数据视作真正的业务资产。虽然可能不会在资产负债表上看到"信息价值"栏位,但肯定的是,如果你从真实业务视角对待 IAM,实施数据治理会变得容易得多。比喻常用来帮助理解,但其难以实施。显然,如果严肃认真地对待数据治理或任何需要运用数据治理的解决方案,就是在承诺实施 IAM。思考一下企业或组织的其他资产在没有以下条件时是如何发挥作用的:

- 使用的标准;
- 准确的财务追踪;
- 对组织的价值报告;
- 责任和义务的分配。

一项资产需要标准、跟踪、价值和责任。EIM、DG、MDM 以及前面介绍的所有概念都是为了显示实施 IAM。

2.4 总结

写这本书的时候,我们工作过的组织中几乎没有将这些概念和术语视为统一的学科。然而,他们都想实施"数据治理",都想把信息作为资产进行管理。我们经常发现他们实施的 IAM 具有很大的局限性(口袋式 IAM),从没有从可持续发展中获得最大收益。通常类似于各种口袋式解决方案相关的项目都以失败告终,我们总是把这些失败归咎于没有采用正确的思维方式。那些做"口袋 IAM"的组织都经历了大多数常见的项目活动:雇佣咨询顾问、购买合适工具。然而,当真正需要改变数据、信息和内容的日常处理时,他们都显得力不从心。除非开始思考 IAM 术语的真正含义,否则这些解决方案不会完全奏效。因此,IAM 是一种思维方式,是一种基本哲学。EIM 和数据治理的元素提供了将参与者联系在一起的框架(请记住治理 V),但是,也清楚地描述了这是一个制衡系统。它们两者共同完成真正实现将数据作为资产进行管理。

第3章

数 据 治 理

法律是沙子，风俗是石头。法律可以规避，惩罚可以逃脱，但公然违反风俗习惯必然会带来惩罚。

——马克·吐温

3.1 数据治理概述

数据治理工作确实需要有一个清晰的目标——彻底消失（译者：指数据治理组织从组织中彻底消失）。这似乎有点不可思议，尤其因为本书又是关于如何在实际工作中实施数据治理。然而，确实如此。请记住，你正在部署一套新原则，以便以一种有很多改进的方式处理有价值的资产。最终，真正成功的标志在于组织对待信息就像对待工厂、供应链、供应商和客户一样。在 21 世纪，没有管理者对材料处理、折旧规则或客户隐私的标准提出异议，它们都已是公认的业务实践，也不再争论是否应该建立标准或控制。然而，很容易将数据分散到整个组织中，以至于管理数据过于昂贵，并且无法找到它、理解它或就其含义达成一致。

要让相关方参与到数据治理中，必须确保他们能较好地理解数据治理计划的蓝图和实施方式。每当启动新的治理委员会或团队设计一个数据治理工作计划时，总会听到有人说："我没有拿到蓝图，它都包含什么？"。如何将数据治理融入企业日常的工作中，这项工作面临很多挑战，因为你不仅在定义和实施一项相对分散的工作，还在试图改变人们日常的行为习惯，通过不断的验证和调整支持数据治理的持续运营。

无论你的数据治理是刚启动，还是已经日常化和制度化，本章提供了一组能够描述和分析数据治理工作特征的元素集合，理解它们如何协同工作有助于理解"治理蓝图"。本章将回顾这些元素及其相互作用的范围和内容。

3.2 数据治理的范围

前面已经提到数据治理是一个企业级概念，需要组织采用一种更严谨的思维方式处理其数据和信息。然而，明确数据治理的范围比声称"所有的都要治理"复杂得多。这意味着,要认真思考影响范围的一些关键因素,并且确保依据这些因素能够非常清楚数据治理的范围与跨度定义。要考虑的影响数据治理范围的三个关键因素是:

- 业务模式——组织的类型、公司的层级结构和运营环境。
- 治理内容——治理内容(如数据、信息、文档等)的类型,以及位置和业务相关性。
- 联邦程度——各类治理内容的广度或强度。

3.2.1 业务模式

例如,一家大型跨国公司没必要在谈到"治理"概念之初就实施全球数据治理工作计划,治理范围可以是一个相对独立的业务条线。假设一家大型国际化工公司包括制药、农业和精炼部门。这些部门的运营或多或少都自成一体,那么,你可能有三个看起来很相似的数据治理"工作计划",但它们各负其责。

再次,如果是一家拥有紧密交织国际供应链的全球零售商,那么数据治理范围很可能就是全球性的。

图 3-1 中,公司 A 是一个大型跨国组织,所有地区都共享它的数据和内容。因此,数据治理就要被应用于整个组织实体。请记住,应用与实施并不是一回事。我们总是逐步实施治理的,但是,视野是企业范围的。公司 B 也是一个大公司,但包括几个非常独立的业务单元,它们之间完全没有公共信息需要共享,因此,在这种情况下,数据治理就可以基于业务单元进行实施或应用。

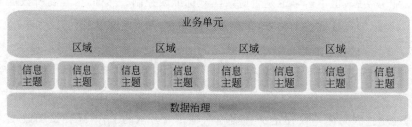

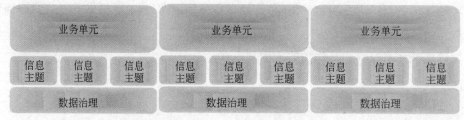

图 3-1　数据治理的范围

在确定数据治理范围时,业务模型的细节内容也是要考虑的一个领域。数据治理通常要求业务流程进行变革,典型的例子是,在实施 MDM 时,通常在多个应用中输入数据的操作员也在维护相关的数据域。把多个应用主文件合并成一个主文件就是一个需要改变日常业务流程的典型例子。数据治理范围需要明确提到这些可能的变革。另外,数据治理范围除依赖于业务模式外,还依赖于治理内容的类型。

3.2.2 内容

前面已经明确本书不区分数据治理和信息治理。引起混淆的主要原因是两词在哲学和语义上的区别,这与本讨论无关,我们也不会差异化管理不同类型的内容。归根结底,对商业智能数据、操作数据、电子邮件、合同、文档,甚至是媒体的治理活动都是由相同原因驱动的,并且需要相同的活动。

虽然没有区分如何治理不同的内容,但是必须清楚的是,在特定组织中哪些类型的内容受数据治理的支配。当然,主数据、BI 数据和其他形式的结构化数据是最有可能需要治理的。受强监管的公司可能还需要治理电子邮件和合同。

把安全放在首位的公司可能需要将其治理重点放在指导方针和过程上。保护个人隐私的同时,政府机构可能要把治理的精力集中在公共文件的访问权上。

数据治理的内容类型将严重影响数据治理工作驻留何处,谁承担责任,以及组织如何实施数据治理工作。它还将影响数据治理组织必须定义的工具和政策。

虽然说,不管治理内容是什么,数据治理工作都包括相同的元素,但是,内容类型仍然很重要,原因是这些类型常常会影响治理流程的细节。不同的内容类型会有独特的生命周期。例如,像交易信息这种结构化的数据类型在一个会计年度中随时出没,治理则倾向于在一段时期内关注这些数据的使用。而像合同和电子邮件等非结构化的数据类型可能需要保存几十年,并且会受到合法性审查或严格的隐私或特权分级。显然,这就需要针对不同的数据类型认真考虑治理细节。

应用和系统的开发、维护过程也应纳入数据治理类型中。我们的许多客户都定义了开发流程或者系统开发生命周期(SDLC)开发和部署自动化系统。但是,几乎没有人围绕数据治理政策和标准有过设计上的考虑。通常,当治理结构化信息时,最终会改进公司 IT 部门的 SDLC 方法论,采取的措施是增加产出交付件和增加新的工作任务,或者增加新的审批和检查点。在治理非结构化信息时,常常需要修改工作流和文档管理流程。

小贴士

如果想看一个实例证明开展数据治理和精确定义范围的必要性,不必舍近求远,看看自己的 SharePoint 或 Notes 文档库即可。坦率地说,从未见过比它们更快变为昂贵的数据废物和"垃圾倾倒"场的存储库。这些所谓的协作工具已经变成了文档墓地,过时的

Word 文档被丢弃在里面。在出现法律案件和公司发现早就应该删除前,这些文档虽然不会造成危害,但却因占据大量存储产生高昂费用。协作工具本身无错,但在不到 10 年的时间里,完全而明确的监管缺失造成了这场巨大的企业数据危机。

当然,不同类型的治理内容需要不同类型的技术协助内容管理。在撰写本书时,还没有一个产品能够同时涵盖多种技术处理结构化和非结构化数据的管理工作。

3.2.3 联邦

影响数据治理性质和范围的一个重要概念是"联邦"。韦氏词典对联邦的定义提供了一些见解:

(1)联合更小或更本地化的实体形成的政治或社会实体,如联邦政府、组织联盟。

(2)建立或者成为联邦的行动,特指联邦政府的组建。

对于数据治理,意味着要定义一个工作实体(数据治理工作),它是多个治理职能域的特定混合体,囊括组织涉及数据治理的多个职能域。数据治理工作联邦是对标准在组织内部的各个层级和职能域中的什么地方、如何落实应用的定义。美国政府就是理解联邦组织最好的示例。从政治上来说,美国是一个联邦,一个有联邦监督层的多州组织。在美国,政府的一些活动是集中的,例如,国家军队和银行储备系统。也有一些政府的职能分散在州或地方层面,如医疗和法律执行。数据治理工作也将对所需的治理功能层级进行类似的划分[①]。联邦的定义将影响数据治理组织的范围、流程和原则。

联邦影响数据治理工作的特征和操作。请注意,图 3-2 是一个热度图,中心或热区的数据资产是需要严格治理的,边缘或冷区的数据资产则可以宽松些。实线箭头指向的管理区域称为"项目",其中对全球性项目要严格控制,对区域性项目的控制可稍微宽松,而本地化项目几乎不受控制。虚线箭头指向另一个主题"客户",对于全球集中使用的客户内容仍然实行严格控制,但对于区域性和本地化的客户内容控制要求一样。由此可见,数据治理联邦的强度因内容类型不同而不同。

影响联邦层级和活动的因素有:

- **企业规模**——很明显,大型企业需要按照联邦的方式实施数据治理工作,并且要仔细筛选数据治理能够发挥最大价值的关键领域。
- **品牌**——拥有很多重要品牌的组织可能希望在界定数据治理范围时将品牌考虑在内。这些品牌中的某个品牌可能比其他品牌更需要集中管理的数据组合。
- **部门**——某个部门可能受到更严格的监管,因此需要不同强度的数据治理。

---

① 联邦系统最小化了控制问题,但没有阻止它们。例如,在美国,有几个州在一定程度上将大麻合法化。在联邦一级,拥有或使用大麻仍然是联邦犯罪。这就引出了一些有趣的新闻故事,甚至更精彩的修辞。这些问题的解决机制是美国国会和众议院。在你的组织中,你也将需要一个解决问题的机构,但我们热切希望它更有效。

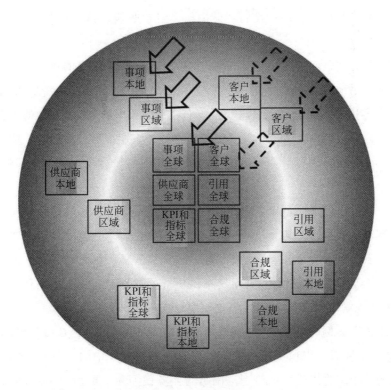

图 3-2　联邦"热图"

- **国家**——不同国家有不同的制度和习俗,因此它们也影响治理某些类型的信息方式。
- **IT 组合情况**——在数据治理工作之初,人们通常在直观的层面上理解它,如实际信息技术组合的特征和情况。一个组织一旦决定重新实施大规模信息应用技术(通常采用大型 SAP 或 Oracle 企业套件),则会制订明确的和专门的数据治理联邦需求。
- **文化和信息成熟度**——组织使用信息和数据的能力被称为信息管理成熟度或 IMM。组织完成工作的方式通常被称为企业文化。综合起来,组织特定的 IMM 和企业文化会影响数据治理工作的范围和设计。例如,思想僵化、成熟度较低的组织需要更多地集中控制它的数据治理工作,同时实施更显著的变革管理。

3.2.4　案例研究

不要根据组织规模或在市场的主导地位确定数据治理工作的范围,那是一个陷阱。需要理性地考虑前面提到的影响因素——业务模式、管理的资产内容,以及需要的联邦类型。下面丰富一下前面全球零售商的例子:

业务模式——业务模式是全球化的,且严重依赖整个供应链的规模经济。因此,数据治理范围将倾向于整个组织——我们不会把任何组织职能域排除在范围之外,如销售或仓库管理。

管理的内容——很明显,大型组织有很多内容,但是想想零售的核心,其实非常简单,就是把物品从一个地方买来然后卖给其他人。它的主要内容是有关"物品"的使用或能够将它卖出的内容描述。注意,它不仅仅是物品,销售人员情况、运送货物的车辆等都是业务的一部分。因此,从范围角度看,几乎需要考虑这类企业中所有的内容。数据治理适用的内容是什么,关键指导原则是——数据治理的范围是被管理资产的一个函数(如治理的内容和信息)。

联邦——我们已经声明整个企业都在数据治理范围内,所有与业务模式相关的内容都在治理范围中。我们没有缩小范围,是不是?当检查内容时(请记住我们在考虑所有的内容),我们看到它被分为全球、区域和本地。这非常重要。如果区域或本地采购和销售商品,那么,与全球性供应链相比,针对这种供应链的数据治理强度应是什么样?我们必须考虑到,本地数据不值得严格治理,可能更宽松的程度即可。

这个关于范围案例的研究结论:虽然所有内容都在范围内,但是由于规模、地域和市场的原因,我们需要有意识地鉴别具体治理内容中哪些是集中的、哪些是区域性的,或者哪些是本地的。组织将声明数据治理范围是与业务模型相关的所有内容,但是数据治理内容的强度将根据一组特定的联邦层级而有所不同。

3.3 数据治理工作要素

在许多方面,数据治理工作与任何其他业务工作一样。首次接触数据治理时,数据治理要素会让业务人员感到完美。还有,由于某些原因,信息管理和数据治理的技术人员会对工作感到茫然和困惑。基于这两个原因,本节将介绍数据治理工作的基本要素。在本书后面部分,还将详细讨论这些要素的具体设计和部署。

3.3.1 组织

与公司或政府实体中的其他活动一样,数据治理需要有一个正式的角色声明。官方设定的责任和义务是数据治理存在的关键因素。对新的数据治理工作来说,最重要的是数据责任理念。这很可能是一个全新的角色。很明显,让人们对数据质量负责是一种全新的、不同以往的责任,尤其是这个"责任"意味着直接影响个人的奖金或晋升。这样做还会让人认为,数据治理工作足够强大或强悍才能做出这种设计。职责分配也将是一项重要的活动。在一些组织中,这些责任主体会有一个正式角色,如命名为"管家"或"保管员"之类。另外,还有一些执行数据治理的组织可能给每个人都分配一个管家角色,而责任主体会是其直接主管。无论哪种方式,都可以看到一些正式的、井然有序的组织设计。

围绕数据治理组织结构还需要用某种类型的层级结构支撑问题的解决、监测和目标的制订。但数据治理这种层级结构极少会成为一个独立的职能部门(例如,极少会出现"数据治理部")。大多数时候,数据治理组织是一个由业务和 IT 人员组成的虚拟组织。

小贴士

记住,数据治理的最终目标是不再作为独立实体而存在,它会变成业务的一部分,就像财务控制一样。这就是为什么数据治理"部门"实际是类似审计委员会的监督架构。更具体地说,数据治理可能不会真正消失,但会变得非常小,不那么显眼。组织总会有需要解决的问题,但是和其他类型的公司治理工作一样,治理工作被作为普通活动接受,而不是专项工作。

可能有一个很小的部门作为代表启动和推广数据治理工作。只有一些受到严格监管的组织在不能适应监管要求时,才可能希望成立独立的数据治理部门。与许多同行不同,这是我们承诺说明的内容之一。考虑到数据治理的长期性(即它与财务控制等众所周知的政策没有太多不同),我们几乎不需要一个全职部门。在我们看来,信息资产管理具有长期持续性,虽然当它作为一项计划时是会结束的,但反过来说,它真正代表的行为变革是不会结束的。

数据治理达到"透明"阶段的具体时间很难明确,因为它会根据其范围和组织的差异而有所不同。"透明"的程度将取决于组织在信息管理成熟度曲线上的进展,所以信息管理成熟的进展时间表最有可能是数据治理融入业务的时间表。如果使用一个 5 阶段成熟度模型度量数据治理的有效性,那么达到第 4 或 5 阶段,数据治理计划就应该成为日常活动的一部分。这可能要花很长时间,要把它看作目标,而不是需求。

再思考一下财务控制。很少有组织在日常工作活动中讨论财务治理工作,以及是否应该继续或终止它,这就是数据治理工作所追求的。

不用太关心组织的规模或数据治理的复杂性,关键要记住,数据治理组织不是从事信息管理工作,而是指导和监测信息管理。图 3-3 采用介绍过的 V 模型展示数据治理工作的典型角色分配。

理解数据治理组织的关键在于,它给信息资产管理的职责和责任分配进行了正式的角色定义。

3.3.2　原则

在前面的定义中提到了原则。总地来说,原则是指导数据治理行为和应用的一般规则。然而,原则不仅仅是一个需要理解的术语,还是数据治理的关键要素。一位客户说他

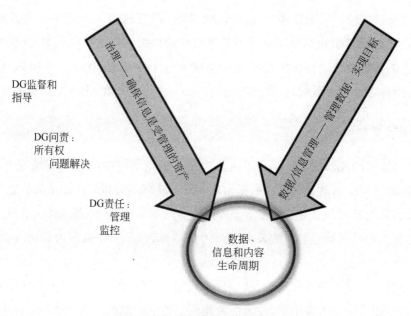

图 3-3　数据治理实施 V 模型

们根据原则调整了整个数据治理机制，之后会议就少了很多。一旦离开原则，很多政策和规则就难以获得成功，原则是基础。当遇到反对制订原则的时候，可以用"权利法案"作类比解释。我们很容易看到在美国历史上这些原则应用的历史意义。对于数据原则也一样（可能历史会短一点）。

在实施数据治理时，需要重新查阅并重复企业级原则。不是修订，只是重复。因为这些原则是基本的，代表企业信念，所以重复是必要的。图 3-4 列出了我们收集的一些原则示例。（请注意，在本书中使用名为 Farfel 的虚构组织。在不能暴露真实客户时，偶尔会用它作为样本案例研究。）

原则	描述
主原则	Farfel 将把所有的企业数据和内容作为企业资产进行管理
联邦	Farfel 将为所有内容和数据结构制订企业标准
信息效率	相关的数据、信息和内容需要在适当的时间、地点以适当的格式、合理的成本提供给授权用户/消费者
业务一致性	以正式确认的业务规划为主导，逐步推动信息管理应用程序和技术的发展
信息质量	将对组织内部的所有信息进行质量管理和测量。信息质量将被统一管理，以确保数据能够满足其预期用途
风险管理	将进行适当的尽职调查，以遵守所有相关的法律和联邦法律、政策和法规
协同	企业数据将是全企业的共享资源。数据不是可以由特定业务领域拥有的资源

图 3-4　原则示例

3.3.3　政策

前面定义的另一个要素是"政策"。政策是正式定义的、获得有力支持的工作流程,也就是说,它们是原则落地实施的细则,是原则的"牙齿"。政策包括标准——在数据治理实施时,IT 人员将严格遵照执行。最有可能的是,组织早已有很多数据治理政策,只不过散落在各个 IT、数据和合规制度中。而且,像大多数地方一样,这项政策只是愉快地记录在笔记本上,日常工作时就把它丢之脑后,忽视它的存在。数据治理工作把原则和政策两者结合,就会防止这种情况发生。

3.3.4　职能

我们使用术语"职能"描述在数据治理中必然发生的"事"。这是因为在数据治理实施的早期阶段,这些职能将会是数据治理"部门"的职责,但是随着时间的推移,它们需要逐步融入所有领域的日常活动中。使用"流程"一词会暗示有一个"地方"执行,那是职能在操作细节层面上的事情。在数据治理框架中,一些职能会作为可见的独立流程,就像执行治理的日常活动一样,不需要从头设计数据治理职能模型,本书后面有一个职能清单。然而,认识到要有一组正式的职能需求(就像工作流程)并且要长期执行是数据治理成功的关键因素。职能扮演了两个角色:首先,它指出了一个人必须要做的事情;其次,检查组织需要的数据治理职能有哪些,通常有助于确定承担责任和义务的部门或个人。

数据治理领域需要考虑与其交互和协作的其他业务领域,例如:

- 人力资源;
- 合规和(或)法律;
- 风险管理;
- 大型集成项目(如 ERP)。

数据治理要素的底线是需要正式思考和构建数据治理流程和职能。它们不会自动生成,附录中有一个完整的职能列表样例。

数据治理的流程或功能模型需要指明"治理 V"是如何运作的。这里有设计和实施数据治理功能的一些流程。本质上,数据治理必须明确哪些是要做的"正确的事"。

数据治理将确定"正确地做事"的工作流程,也就是信息管理实践活动("治理 V"的右边)。

3.3.5　衡量指标

不能衡量的东西就无法管理。随着时间的推移,数据治理工作需要制订一种方法监测自身的有效性。如果没有它,数据治理工作肯定会日趋没落。在初期,这些指标很难收集。毕竟,你并没有很好地管理数据,因此没有实施衡量的基础。最终,衡量指标将从简单的调查和统计发展为对活动的真正监控。下面是常见的衡量指标。

- IMM 指数——按 1～5 级别报告组织的信息管理成熟度级别,级别是根据对数据治理和数据管理工作各种元素的调查和评估结果计算得到的。
- 数据治理管理进度——报告接受过数据治理培训的个人数量、管理的具体项目的数量,以及提出和解决问题的数量。
- 数据治理管理效率——另一种进度衡量,可基于提交给数据治理机构的问题数量和解决情况方面的统计指标。
- 数据质量——根据数据质量剖析结果计算数据质量(DQ)指数,该指数表示所有数据质量剖析度量的平均值。
- 业务价值——第 4 章将深入探讨业务案例和业务价值,但是,把数据治理、数据管理与业务成功联系在一起是永远不会错的。数据治理工作或治理后数据的应用所产生的可量化和无形的价值需要定期汇报。

3.3.6 技术和工具

最后一个需要着重考虑的要素是技术。在撰写本书时,纯粹的数据治理技术尚未有明确的分类或市场。目前可见的大多数数据治理工作是由各种技术结合在一起支持的,包括使用 SharePoint、Word 和 Excel,以及从像数据模型或数据字典等其他数据领域改造的技术工具。专业工具正在开发中,一般来说,需要考虑工具的以下能力,第 14 章将更详细地介绍工具的应用。

此时关于工具需要理解的是,不应该仅因为要进行数据治理,就觉得有必要购买数据治理工具。从定义看,工具是用来改进当前已经从事工作的效率。如果还没有实施正式的数据治理,或者做的效果不好,那么寻求技术工具帮助实施数据治理就是浪费时间。这一点背离传统 IT 理念,因为传统通常是首先购置工具。但对于数据治理来说,这是一件最愚蠢的事情。然而,我们的工作总是停留在工具选择上。购买和安装工具很容易,大多数时候,我们会看到数据治理的新工具并未被使用或部署不当,这是因为还没人能够掌握工具支持的数据治理流程。

在推广数据治理和开始了解数据治理工作的各个方面时,你会马上发现需要一个工具提高工作效率。值得考虑的一些数据治理工具的特点是:

- 原则和政策制度管理;
- 业务规则和标准管理;
- 组织管理;
- 问题和审核工作流;

- 数据字典；
- 企业搜索；
- 文档管理；
- 指标计分卡——数据的收集、整合和展现；
- 与其他工作流和方法的接口；
- 培训和协作工具。

3.4　治理的关键成功因素

通常，关键的成功因素留在最后介绍。因为数据治理在有些方面是业务工作，但在其他方面是其特有的，所以需要在本书前面就提出关键成功因素（CSFs）。坦白地说，如果下面的一个或多个 CSFs 对你的组织完全不切实际，那么你就需要考虑重新启动一个正式的数据治理工作作为改进数据资产管理的一种方法，或者，至少应该给它换一个名称。

（1）如果想成功实施使用信息的项目或措施，数据治理是必须的。任何需要报表、商业智能、数据清理或"单一数据事实来源"的数据项目都需要数据治理确保它的持续并成功。

（2）必须展示数据治理的价值。这意味着不能在真空中进行数据治理。必须有治理的内容，即使它是数据质量和你把实施数据治理作为提高数据质量的一种手段。在 20 世纪 80 年代和 90 年代，不计其数的 IT 公司开发出模型、标准和政策后，积极寻找项目使用它们。需要展示数据治理的收益，这就意味着要把数据治理工作与可见措施融合在一起。

（3）必须管理组织的文化变革。冒着反复的风险，你现在做数据治理是由于没有把事情做正确。因此，有些事情需要做一些变革。我们已经与许多组织合作过，他们希望修正所有数据，但又不希望改变它们的观点或者改变导致数据混乱的行为或流程。因此，需要对问题进行引导、培训、教育、沟通、传授、鼓励，并提供激励措施等，然后再全部重复一遍。

（4）数据治理必须被作为企业层级工作看待。可以在部门级实施数据治理，但必须始终有企业级视野，否则最终会出现相互冲突的标准和责任。

格拉迪斯将如何？

我们总是遇到这样的情景，管理层把正式的组织变革管理放在一边，通常原因是【我们的回答在括号里】。

- 我们没有足够的时间。【很抱歉，这其实不需要很长时间……】。
- 我们负担不起。【数据治理的净现金成本为零。另外，你能负担得起这个项目的"陨石坑"吗？】

- 它难以应付。【任何事情都一样,如果做得不恰当,可能花费数百万美元/欧元/英镑等,但这并不是难以应付,而且这件事的背后是数据。】

但是,尽管有大量数据证明这种做法很不明智,但它仍然会出现。如果遇到这个问题,可尝试讲述下面这个故事。

格拉迪斯在爱荷华州的工厂里工作。每天(在过去的 20 年里)她都要登录四个应用程序完成工作。每周一次,她将运营数据下载到电子表格中,为老板打印每周的库存更新。从数据的角度看,她是影响财务、工作订单和库存的三个操作性系统的唯一集成点。尽管数据管理方面很糟糕,但她为自己积累的能够完成自己职责的知识而自豪。

当公司最终解决了应用程序问题,新系统流程和培训可以通过以下方式实现。

(1) 周一收到一封上周五的电子邮件;她会得到一个新的密码和放在她工位上的一本新系统说明书。

(2) 一个变更计划,让她以后参与定义新的工作接口和流程,包括让她到总部与有经历相同工作流程的人会面。

(3) 让新软件供应商顺便过来进行为期一天的培训。

显然,(2)是比较好的方法,不过(2)源于变更管理思维。遗憾的是,(1)和(3)是更典型的方法,从来没有人考虑(2),因为组织变革工作阻力重重。

嘿,高管先生,如果格拉迪斯是你的妈妈,你会怎样做呢?

3.5 总结

业务已经习惯了控制,所有组织都有确保财务资产一致性的标准方法。在这个世界上,没有一个首席执行官能够容忍他们部门存在多种会计准则。数据治理也不例外,数据治理工作提供了一组与其他业务工作行为类似的要素,这并不容易,但是整个企业需要接受这样一个事实:21 世纪,组织对数据资产的依赖意味着接受并制度化数据治理工作。

第 4 章

数据治理业务案例

管理者要负责推动知识的管理和应用。

——彼得·德鲁克

4.1 业务案例

　　数据治理是一项业务工作,因此需要增加业务价值。然而,由于数据治理是一项负责处理抽象事物(数据资产)的工作,因此它与像市场营销或财务等工作一样难以看到有形成果。首席执行官虽然认可需要市场营销,也肯定财务的必要性,但他办公桌的文件夹通常不会有需要这些工作领域(数据治理也一样)的详细而充实的理由报告。

　　对于数据治理来说,是否还需要一个业务案例?假设首席执行官说,"我知道我们确实需要数据治理工作,就像需要市场营销一样,所以不用业务案例就可以实施。"应该认识到,把信息作为资产的观点本质上是为了把信息和业务紧密联系在一起,从而,仅仅有"信息具有价值"的理念是不够的。事实上,即使没有要求,数据治理工作也需要业务案例,原因有以下几个。

- 数据治理是一项需要企业层面关注的整体性工作,但一定会有人反对,因此需要有能力应对。一种常见的抵制方式是部门负责人表示没有时间参加新委员会或学习新流程。毕竟,数据治理是一项需要处理的业务。然而,如果在一个能为公司带来数亿美元盈利目标的商业案例面前,他们就很难再进行抵制。

- 数据治理如果不能被衡量,将不会成功,并且成功衡量必须来自一组业务的衡量指标。

- 数据治理最初的驱动力可能是一个实际业务案例。它可能是大量数据质量问题或来自监管机构的强大压力,也可能是一个计划的大型 ERP 软件实施。数据治理是这些项目的必要组成部分,因此它可以作为这类大型项目的一部分启动。另一种常见的形式是数据质量工作。以上这些场景可能导致成立多个工作类似又各自独立的数据治理团队的风险。底线是会从业务工作弱化为业务兴趣,再被传递给 IT 后变为一个项目。显然,这个演变和数据治理的"企业级工作"本质是直接冲突的。

- 奇怪的是,数据治理工作还面临另一个顽固障碍。许多组织都坚持开发一个能够产生"真实"收益和强劲财务回报的业务案例。这些回报必须是基于传统的收益,如裁员或减少商业成本等。事实上,由于管理的数据和内容是"无形的",因此具有"有形"回报的业务案例看起来是不可能的。所以,业务案例要么再次被忽视,要么基于技术效率虚构业务收益。然而,我们很快会看到,数据治理是能够带来"真实"收益的。

4.2 业务案例目的

显然,数据治理业务案例需要体现其价值,这需要通过两种方式实现。首先,价值要以有形、直接收益的形式表现出来。可以把数据治理与以下三个收益方向之一联系起来。

- 提高效率(如集成、更快的信息交付);
- 增加直接的业务贡献,如收入、客户或市场占比(如合并后的经济规模、高效的供应链、有效的促销等);
- 降低风险,可以通过减少罚款、降低准备金或市场占比下降率,也可以通过减少保险费降低风险管理成本。(如遵守了"萨班斯-奥克斯利"法案,改善了隐私信息,提高了数据质量)。

在许多组织中,最容易的直接收益来自降低风险。三四十年以来,数据和文件存储量的爆炸性增长带来巨大的风险,以下是其中几个风险:

- 侵犯隐私权;
- 数据安全;
- 对信息安全或授权管理不善带来的民事责任;
- 多个副本数据间不准确或不一致导致的错误决策(如备付金安排不足,或找不到所要东西的位置);
- 未遵循监管或未响应监管要求的监管责任;
- 保存 ROT(冗余、过时和琐碎)数据的额外成本过大。ROT 数据包括文档、备份、SharePoint 和电子邮件。

有形价值的第二种形式是间接的,就像市场营销工作一样(即市场营销工作将支持其他项目,如果没有营销工作,其他工作就会失败或动摇)。在市场营销案例中,通过预测和确认市场份额的增加或有更好的前景确定价值。营销努力提高产品的可见价值,例如,支持销售增长,类似地,信息项目的价值来自信息的用户。因此,数据治理业务案例要支持相关活动,即用良好的数据和信息完成业务目标,而不会引起不必要的风险或成本。你需要寻找支持业务工作的数据治理机会。这些业务工作期望能增加收入、降低成本和风险。一旦确认了这些实现业务目标的机会,就能具体地量化业务收益,并将收益与数据治理的数据和内容进行一一对应。

数据治理业务案例的另一个目标是建立对 IT 项目历史缺陷的对应管理,包括:

- 数据和信息相关项目总是会失败的认知;
- 投资"纯"信息管理项目都是浪费的认知;
- 信息技术(IT)领域的历史遗留问题;
- 长期抱怨 IT 的数据"不正确"——因此需要业务领域创建"正确的"数据;
- 对 IT 的不良认知导致 IT 日益"隐形"或没有发挥作用;
- "我们将带着这些缺点运行,以后再修复它们"的项目列表。当然,"以后"的事永远不会发生[1]。

数据治理业务案例必须正面处理这些观点。回顾一下,数据治理业务案例需要完成以下工作:

- 识别信息在哪里可以直接支持业务(如风险规避);
- 识别信息在哪里推动业务向前发展。
- 将数据治理与信息管理活动(如 MDM、BI 等)相关联。
- 解决 IT 项目的历史遗留问题。

实现这些目标将提供一个多维的业务案例,使数据治理成为一个可持续工作。

如果详细的、特定的业务收益不容易量化,可以使用行业标准、标杆和文件为业务案例提供衡量标准。

4.3　业务案例内容

构建数据治理业务案例需要几个基本要素,由于数据治理是 EIM 的组成部分,所以这两类业务案例有相似之处。关于 EIM 业务案例的更多细节,可以在《以业务为驱动的企业信息管理》一书中找到(Ladley John. Waltham,MA:Morgan Kaufman,2010),本书针对具体数据治理案例对基本的结构稍微做了修改。

4.3.1　愿景

愿景可能是最滥用的业务术语,但是"愿景"对于数据治理来说是非常重要的。请记

---

[1]　Ladley,John,"以业务为驱动的企业信息管理" Morgan Kaufman,2010.

住,要说服组织的大部分人实施变革,如果对蓝图没有一些基本认知,人们就不愿发生变革。事实上,在没有任何解释的情况下要求人们发生变革是相当粗暴的①。这就是愿景目标。实施了数据治理,日常工作会怎样?组织会发生哪些变化?更容易实现哪些业务目标?

当业务条线了解到需要承担新的数据责任时,推广数据治理时就会出现惊人并自相矛盾的一幕,那些坚持要拥有 IT 员工并且维护着大量旧的电子表格和 Access 数据库的业务部门会说:"数据职责不是我的事情,数据属于技术部门。除了我们自己的数据,其他都是他们的。"

绝对不能用"更好的决策"或"更好的数据质量"作为数据治理业务愿景的描述,这些不是业务描述。从愿景角度看,它们和业务没有相关性,因为它们在业务价值方面无法衡量,并且不恰当地定位了期望值。对于数据治理来说,一个合适的业务愿景可能是:"ACME 公司管理其信息资产,以增加股东价值,并降低企业风险"。

4.3.2　工作风险

业务案例也是用来展示企业如何管理风险的工具。虽然数据治理的业务案例部分内容是解决企业风险,但也需要考虑到数据治理工作本身可能产生的风险。

(1)业务风险——数据治理工作尽其所能未能防止市场份额和声誉的损失,也未能实现目标或避免欺诈。

(2)监管风险——数据治理未能满足合规要求,存在违规行为。

(3)文化风险——组织没有参与到数据治理流程中,并且继续糟糕的数据资产管理行为实践,导致新的数据治理需求。

4.3.3　业务一致性

如果数据治理工作要支持(直接或间接地)业务工作,请明确数据治理能够支持的价值点或具体场景。业务案例真正的收益将会来自这些领域,所以不要放弃寻找这些机会。

4.3.4　数据质量成本

数据质量问题占用大量的成本和资源。数据质量成本是数据治理工作效益的主要展现方式和衡量指标。因此,重要的是你的业务案例要列出与数据质量相关的目前成本和风险。

---

① 在养育孩子的过程中,父母都会保持极大的耐心,而不会以"因为我说过!"作为要求改变行为的理由。在数据治理的环境中,面对难缠的文化或客户这样做的可能性比较大。

4.3.5 错失机会的代价

在没有数据治理的情况下,总是需要强调会发生什么事或者持续发生什么事。可能在数据质量领域包含这些内容,但是最好还是重新总结现有的问题:数据、报告、内容管理能力差、可怕的合规问题或者大量冗余导致的数据成本居高不下等问题。而且,在没有数据治理情况下,有些业务行为和场景可能不会发生或难以发生。

4.3.6 障碍、影响和变化

业务案例还要涵盖可能的文化和其他的组织问题。如果有可能的技术变革,也要提及(关于技术变革,后面会详述)。任何已知的障碍都需要提出来。

4.3.7 案例演示

数据治理业务案例是一个业务文档,即使由 CIO 负责这项工作,也要避免使用三个字母缩写、技术行话和新奇抽象的图形。若你正在推销数据治理,任何销售人员都会告诉你必须清晰简洁。

小贴士

不要认为仅一次演示,就能完成推销数据治理工作。在最后的演讲定稿前,应长时间检查思路和收益。在安排演示之前,还要了解受众(即谁会点头、摇头或打盹)。最后,业务案例演示的最好主题是能够由关键决策者在 30 分钟内审核,并得到他们对数据治理工作继续进行的认可。

几个业务案例的关键概念如下。

- 数据治理是行动方案(虽然数据治理的最终目标是融入企业日常工作中,但它仍然需要有计划地进行推广和实施)。虽然你花费金钱推动组织思想和行为模式的转变,但组织在没有见到预计回报或收益前是不会投入的。
- 数据治理需要支持许多项目,但最重要的是,它担负着信息资产管理的控制和审计职能。
- 治理和变革是解决引起这次会议的相关问题的必要手段。请确保参会人员了解这些问题和它们的历史由来。

针对最高层汇报,简明扼要的演示是必需的。建议给 CEO 级别的汇报不要超过十页幻灯片。如果演示做得好,数据治理团队将会引起高层的兴趣,继续推动的承诺和积极的反馈。反馈是对数据治理的理解,是对业务协同方面问题的纠正,并且表明对风险和影响的认识。如果案例材料是针对组织较低层级员工,就需要添加与影响、收益和风险有关的细节。

4.4　制订业务案例流程

以下是制订数据治理业务案例的流程概述。

4.4.1　充分理解业务方向

无论是已经清晰理解了企业战略,还是需要阅读企业年度报告,都必须结合组织内外部环境制订数据治理业务案例,这就意味着不能教条化照搬会议宣传册中的样例。为什么数据治理要与组织业务相关?如果正在通过实施 MDM 或 BI(或两者都有),将数据治理作为更大的 EIM 工作的一部分,就要确保数据治理团队了解企业业务的发展方向。

4.4.2　识别可能的机会

业务战略带来信息机遇。也就是说,如果正在实施 EIM 工作,可能就会有这样的信息。一般地,直接受益于数据治理的业务领域是电子文档搜索和文档管理,组织只简单通过实施更好的治理,就会大幅降低文档处理的成本和风险。

4.4.3　识别应用的机会

间接收益来自把信息当作业务交付成果的工作,如数据仓库,此时数据治理有助于确保结果的一致性和相关性。如果有与某类客户管理相关的大型客户 MDM 工作,那么数据治理工作将可以为新的 MDM 政策、标准和流程提供需要的治理。

4.4.4　定义业务收益和风险管理收益

数据治理的潜在收益不仅是要有大概的数字,还要从现金流或收益增加的角度考虑。另外,也可以考虑风险的因素,可以在监管、民事和财务三个方面寻找相关的风险。

4.4.5　确认

确认识别的业务收益能够得到数据治理的支持,确保不让数据治理工作支持不相关的事情。

4.4.6　量化成本

检查当前的信息技术以及其他与信息相关的成本、包括所有的资本成本、折旧和总开销。劣质数据质量成本的分析也是检查内容的一部分,还要包括部门级的终端用户数据库、电子表格和部门 IT 团队的成本。这个数字是成本数据量化好的开端,它说明了在没有进行治理时的支出费用是多少。实际治理成本应该只占当前成本的很小比例。理想情况下,会使用内部的资源。大多数时候,最初注意到由于外请顾问或培训费用致使成本略有增加,但由于数据治理会成为企业的一部分,成本将恢复到以前的水平。

4.4.7 准备业务案例文档

将前面的各种财务收益和成本数据应用到组织使用或选择的模型中,然后以合适的方式呈现模型的分析结果,所有这些工作都需要用业务的方式开展。

4.4.8 方法的思考

许多(如果不是大多数)公司在传播他们的业务规划方面做得很糟糕,这里首先假设他们真有一个业务规划,我的公司在过去的 20 年里已经实施了几十个类似 EIM 的项目。这些公司中,很少公司有明确的业务愿景或战略,并且这些材料能方便地提供给保障业务规划被衡量的相关人员,常常这些规划是 EIM 工作的访谈中被翻箱倒柜地找到或者开始启动制订的。将战略公布于众并准确传达到所有层级的组织往往不会在信息和内容需求方面遇到太多的挑战,这不是巧合,如果业务驱动和目标都是局部的,那么很难通过应用程序组合和商业智能工作支撑公司的业务规划。

小贴士

业务一致性。

任何正式的、业务一致性的活动都将展示业务和信息(内容)是如何衔接的,这是组织对业务案例的定位。它意味着你带着已准备好的业务一致性材料,并且开始使用。

正是因为这一点,建议没有明确业务目标的组织停下来,首先聘请顾问,然后进行业务协同方面的分析。这里要着重强调业务一致性的重要性,了解 EIM 和企业经营计划的协同关系是尽早要做的事。

一个常见的典型情况是,一旦业务规划被制订,就会被认为是"绝密",这也是来自管理层的误导。很明显,你可以有秘密管理策略,但是仍然需要给予中下层管理人员丰富的信息了解策略和业务的一致性,这些信息已是他们的业绩目标,难道不是吗?

简单明了的事实是,如果每个人都了解业务的发展方向,那么我们涉及的许多信息管理问题就会最小化或消除。

4.5　总结

即使业务领导明确要求有"更好的数据",并且愿意努力推进和利用政治资本实现,也不能没有商业案例就继续前进,否则将面临失败的风险。因此,针对业务案例,有下面的业务思考:

(1) 业务案例必须明确责任。如果目标没有达到,谁负责? 历史上,很容易把它归咎和 IT 沟通的失败。一个清晰的业务案例要使用清晰的业务术语,并明确有哪些业务责任。

(2) 业务领导很难对信息技术项目有非常大的兴趣。数据治理的业务案例必须明确业务责任,并将其纳入业务发起人的目标和个人业绩考核。

(3) 一旦 IT 项目"完成",大家的兴趣就会减弱,甚至会回到旧路上。业务领域需要理解的是,相关投入不仅体现在开发和部署阶段,在推动项目的持续应用上同样需要很多工作和努力。业务案例必须了解文化的影响,并且考虑持续推动变革并确保相关变革被完全采纳和融入组织文化体系相关的成本和收益。

小贴士

有一个普遍的共识:一个"好的业务发起人"是一项重要工作成功的关键。这只是部分正确。发起人可以像想象中那样兴奋和支持,但如果到了年底,他的奖金或报酬不与信息管理相关的目标挂钩,他就会忘掉这项工作。这种兴奋是政治上的,也是无形的,通常只是嘴上说说而已。它不会带来压力或业务变革。当听到项目"失去"了发起人,更可能是一开始就没有真正的发起人。

数据治理团队需要记住,即使没有要求,也必须有某种类型的推销过程。仅一个发起人不能造就一个项目的成功,需要分析业务机会,强调信息是资产的理念,并要认识到 IT 和业务之间长期以来的"积怨"必须通过业务工作解决。别忘了还有挑战者和反对者。用真金白银陈述案例会缓解早期的阻力。

第5章

实施数据治理过程

如果漫无目标，就会随地而终。

——尤吉·贝拉

所谓"构建"，就是定义、设计、实施数据治理工作，并开始对其进行管理。这并不意味着没有实际批准流程，就进行数据治理工作。许多组织非常希望实施数据治理工作，但得不到管理层的允许。数据治理不是一项独善其身的工作，毕竟其目的是治理某些事情。工作流程要涵盖业务案例和"推销"数据治理，但在组织背景下需要人们认识到一些东西需要差异化对待，我们假定流程会彰显数据治理的价值。换言之，我们展示数据治理的整个过程，但是不会用单独章节讨论如何推销数据治理或它是否存在价值。如果已经阅至此处，应该了解这些[①]。

本章将介绍"构建"数据治理的整个流程。后面8章将结合工作提交物示例介绍每个流程的步骤，并将这些步骤与案例研究相结合。

如果你正着手考虑数据治理，这意味着你已经遇到一些数据问题，认识到它们是由于缺乏治理而导致的。因此，开展数据治理的一条途径是从实施针对一个数据问题的解决方案起步的。但是，需要牢记：数据治理是整个EIM工作的组成部分。如第2章所述，实施像商业智能或MDM等类型的EIM解决方案都将用到数据治理。即使没有启动规范的EIM工作，仅是在实施MDM解决方案，其效果也和在实施EIM的部分内容一样。由于MDM与数据治理必须携手并进，主数据管理项目通过数据治理和MDM工作为拓展EIM奠定了基础。

---

① 我们曾经非常认真地考虑插入一章讨论DG作为一个概念的合理性，后来决定不这样做。坦率地说，如果一个组织必须讨论DG是否"必需的"，或者必须验证概念的合法性，那么它就不理解数据治理是什么。我们遇到过太多公司，它们的高管要求新成立的DG团队"做一个概念验证"。当听到这个信息时，我们就开始实施教育，而不是推销。"证明治理有效性"类似于要求会计重新验证复式记账。治理是多数组织都欣然接受的必要职能。任何要求概念证明的人要么不去做，要么就是设置障碍。

小贴士

在讨论 EIM 工作时,总是强调 E 代表企业。"先让我看看它在小范围内的工作情况",这是高管层对新事物的倾向性响应。数据治理也面临同样窘境,在工作起始阶段经常听到"一点点开展治理"的言论。务必非常小心,一旦"验证"(即业务案例)被认可,必须在企业环境中设计和实施数据治理工作,而不是某个业务领域。

无论是否使用术语 EIM,数据治理都把信息作为资产管理的关键。数据治理的另一条途径是把它作为 EIM 工作的一部分实施。

最后,数据治理工作的起因可能是由于对特定数据内容的关注。但令人诧异的是,虽然结构化或"行列"化数据内容是数据治理工作的首要目标,但许多公司在清理和管理文档时发现自己正在实施的数据治理起到了很好的作用。公司在长期专注于治理非结构化或监管要求的特定数据后,才开始治理数据库和"行列"化数据。在 2009—2010 年次债危机和经济下行影响下,情况发生了变化,突然间,数据治理变成了"香饽饽"。

5.1　数据治理方法论

虽然给出数据治理的八个不同阶段,但由于它常常是迭代的,所以从开始到持续运营数据治理的整个流程看起来是一个循环。显然,我们需要展示整个治理过程,但实际工作中常会多次执行循环的全部或一部分。另外,并不需要每次都用同样方式执行每一步骤。

许多因素都会影响数据治理工作的开展:

(1)你是否正在作为独立主数据管理任务的一部分实施数据治理?如果正在做一个整合客户数据的典型项目,你可能只专注于 MDM 事件的治理。你的组织可能还没有对企业级数据治理产生兴趣。尽管项目范围有限,也要实施数据治理整个流程,这并不意味数据治理是一项单独工作(请记住,你是在进行 EIM,即便没有使用这个名称)。通常,完成第一个项目后(假设它们是成功的)会接着实施另一个 MDM 项目。从而,你就立刻明白为什么不管起因是什么,都需要从企业级视角实施数据治理工作。

(2)你是否在一家超大型公司工作?如果是,可以猜想公司会同时实施几个数据治理项目。项目名称可能不都叫数据治理,但实际都在开展数据治理工作。统一的数据治理流程会促使各项治理工作在公共规范下开展和整合。

(3)你是否有正式的 EIM 工作或 IM 职能?如果是,那一旦执行过一次这种方法,就建立起更大范围的数据治理"职能",后面也就会在需要数据治理支持的各个项目中多次执行。

因此,我们要审核的数据治理流程不是一个菜谱,而是一个需要能够适应各种情形的数据治理方法论。

5.2 流程概述

我们的数据治理流程包括八个步骤或阶段。如前所述,这是一个更详细的流程,侧重于实际的"如何操作"。本章和后续各章将清晰详细地介绍这个流程[①]。本章列出了关键的数据治理阶段,还提供了关键活动列表和场景样例列表。后面各章将深入探讨各个活动的细节,并研究具体案例和可交付成果。

每个步骤都建立在前一个步骤的基础上。但是,如果所需的提交件或信息可从其他与 EIM 相关的工作中获取,则这些步骤也可以作为"独立"过程进行。附录有一个参考表,可以打印或导入项目计划中使用。

5.3 范围和启动

做过工作计划或项目的人员都知道,需要从了解范围开始,实施数据治理也是这样。毕竟,数据治理工作很可能影响组织的多个条线、机构。图 5-1 显示了如何根据组织类型实施不同的数据治理。此外,还需要了解数据治理工作如何深入,还有一些与启动任何工作或项目相关的传统活动。

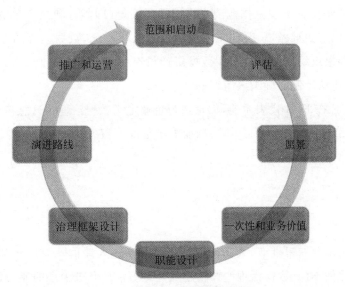

图 5-1 展示独立流程的静态视图

---

① 我们总是在会议上被客户要求提供"如何做"的建议。诚然,许多顾问似乎倾向于提供"盒子和箭头"的解决方案,而且看起来他们似乎很少被问棘手问题。公平地说,除非进行了大量的"框和箭头"方案学习,否则无法理解步骤的细节。本书前几章介绍框架内容。现在是讨论细节的时候了。记住,这是你所要求的,有人提醒过你。

关注事项

例如,无论对错,大多数数据治理工作都从 IT 领域开始,如果 CIO 热衷于整顿数据清洗并使其成为强大的资产,那么他最好确认数据治理范围能够支持大多数政策的制订和实施。如果组织受到强监管,那么合规领域就需要纳入数据治理工作。

准确定义治理"什么"也至关重要。例如,是否因监管原因而剔除一些业务领域?是否有部门因其业务模式导致数据治理对其工作没有帮助?(在我们的实践中,这种事情曾发生过,该客户某项业务完全是从事科学研究,实验数据和研究论文是其核心信息资产,因为那些人已经很好地管理他们的数据!)

除了范围限制外,可能还需要考虑导致最初约定范围扩大的因素,如商业市场因素。如果公司的市场份额受损,并且数据质量差是一个诱因,主数据项目的数据治理工作就需要考虑更大的工作范围。如果你的公司刚完成或正在实施企业级应用工程项目(如 SAP 或 Oracle ERP),数据治理工作就需要适应和配合这些工程项目。

数据治理的强度是范围决策的一部分。数据治理工作中形成的信息原则是否需要覆盖整个组织?政策制度也需要做同样的判断。数据治理工作会制订新的规章制度,你需要决定这些制度推行到哪个层级机构。如果任命组织中未曾有过的新责任或决策权的人员角色是一个问题,那么人力资源领域也要作为项目范围的一部分加以考虑。

不容忽视的是数据治理工作范围由组织性质确定(即制订和执行政策、规则的方法,如何作出决策,以及由谁做出)。如果一个组织有认责文化,数据治理的范围就可以表述的宽泛一些。如果组织对信息技术和数据资产没有清晰的认责机制,那么数据治理范围必须具体化,并将认责制明确纳入组织的词汇表。

最后,记住 E 在 EIM 代表企业,你正在为企业定义数据治理。这意味着,从整个企业视角开始数据治理工作,只会因具体事项而缩小范围,不存在部门治理这类事情。这在术语里是矛盾的①。

5.4　评估

一旦范围确定并获得批准,数据治理团队就需要进入评估阶段。与对数据质量或企业架构所做的评估不同,数据治理的评估重点是组织治理和被治理的能力,我们使用另一组短语"能力、文化、协作"。随着数据治理工作的展开,了解组织变革机制和流程的当前状态非常重要。

---

① 也许,"部门治理"将与军事情报、巨型虾(jumbo shrimp)和政治伦理一起进入"矛盾名人堂"。然而,也可能不是。

　　"能力"指的是企业变革能力。变革的期望永远不要和变革的能力混淆。例如，以前一个客户的 IT 机构知道数据质量是实施客户主数据管理（CMDM）体系结构的首要障碍，董事会中的业务领导公开承认企业客户数据相当糟糕。但我们到企业后发现这个项目被搁置了，所有数据问题都很清晰，也设计了许多问题解决流程，但是都没有实施。企业召开无数次会议，确定了如何调整工作范围和推广战略，但根本问题在于没有一个业务领域想成为"第一个吃螃蟹的人"——承担 CMDM 解决方案的试点工作。事实上，不久我们就了解到没有一个部门会在没有面临重大改革情况下就进行必要的变革，虽然企业的意愿很强，但企业组织"肌体"弱，组织需要为即将发生的变革做大量准备工作。

　　正如本书所言，谈论数据治理的挑战时，"文化"是最受欢迎的流行词汇。然而，不能说，"是的，让我们来管理文化吧！"。每个组织都有不同的方式或风格使用数据和信息，即使在同一行业中，也是如此。有些组织可能只实现了基本业务报表，其他组织可能实现了各种文档的管理和复杂数据的分析使用。也就是说，他们采用不同方式使用数据和信息。由于数据治理工作的最终目标是通过更好的数据管理获得更好的信息，因此我们必须了解组织信息（数据）管理的当前状况。图 5-2 列出了几种类型的信息成熟度分级[①]。

信息管理成熟度谱表								
应用：	促使发生	促使易发生	发生什么	为何发生	将发生什么	促使它自己发生	希望发生什么	怎么发生得更好	下一步做什么
内容：	事件	交易	报告	分析	预测	事件优化	闭环	协同	预见
成熟度：	初始级	可重复级		定义级	管理级		优化级		
组织：	操作		整合		集成		优化	创新	

图 5-2　信息管理成熟度的各类视角

　　给出几种成熟度度量尺度对比图非常重要，可以帮助分析哪种成熟度观点是"正确的"。

　　"协作"是指评估组织的跨职能部门工作的能力，或包括多业务部门成员的组合团队执行任务的能力。当然，这可以被认为是企业文化的一部分。然而，一旦协作成为数据治理工作的内容，它就成了一项纪律，这要求对组织协同工作能力有一个全面的了解。

关注事项

　　基于前面关于"能力、文化、协作"三个 C 的描述，数据治理实施的评估阶段需要包含

[①]　有关信息管理成熟度的详细讨论，参见 John Ladley《让 EIM 为企业工作》的第 3 章（Waltham，MA：Morgan Kaufman，2010）。

这三类评估,具体是三类评估全做,还是只做一部分,取决于数据治理工作的起因。图 5-3 展示了这三类评估过程中需要考虑的关键因素。

需要什么类型的评估

	文化	能力	协作
评估类型:	信息成熟度	变革能力	协同准备
数据治理的潜在目标:			
支持MDM、DW,或其他结构化信息项目	是的——如果它没有作为项目的一部分已实施		是的,按定义,MDM 是跨职能部门的
支持文档管理,或其他非结构化信息项目	是的——特别是在文档管理场景中		是的,按定义,文档和内容管理是跨职能部门的
支持数据质量	可选——数据质量工作通常关注创建更好的、可使用的数据	是——如果没有作为数据质量工作已完成内容的一部分	不是——不适用
数据治理作为 EIM 战略的一部分	否——如果还没有作为 EIM 工作的内容,EIM 工作是不可能成功的		
数据治理是独立的工作	是的,但是为什么?独立的数据治理通常是正式开展 EIM 工作的一种形式。最好仔细检查想要完成的事情		

图 5-3　评估类型

不管哪个方向,混合和匹配这些评估都很好。通常情况下,由于调研或访谈的人数限制,经常把"变革能力"和"信息成熟度"的调研情况结合起来评估。

线上调研是非常好的评估执行方式,它速度更快,并且使得调研数据便于分析和后续应用。我们最不喜欢的方式是进行大量的访谈,主要是因为这要占用太多时间。评估常常以线上调研和关键业务领导访谈两者的混合方式进行。

活动

(1)信息成熟度评估:本评估确定当前组织对数据和信息应用的成熟度状态,了解组织用产生的数据和信息做什么,重点是业务人员对组织如何应用和管理数据的印象和感觉。除了确定当前状态外,该活动还为从客观、定性的角度衡量未来数据治理有效性的进展提供了基线。

(2)变革能力评估:了解组织适应信息资产管理方面新的或修订的政策的能力,重点是分析组织能够承受多少变革。评估可以帮助明确数据治理工作哪里会遇到阻力,并建立会影响数据治理运营战略设计的框架。

(3)协作准备评估:该评估分析组织在正式的协作流程工作中按跨职能方式运营的能力,重点不是文化(例如,是否存在流程协作方面的障碍),而是对于协作流程的实际能力和理解。大多数组织不掌握协作所需的额外能力和技能,评估将开发协作能力和技能的基线知识。

小贴士

由于过度使用,"协作"这个词已经变得和"文化变革"一样老套,类似"治理"和"文化变革",它是一个理解容易、执行难的术语。记住,之所以谈论这三个词,是因为整个组织意识到当前的工作方式已经不可持续。这意味着再培训、学习、变革能力和接受新的"哲学"。

5.5　愿景

"愿景"阶段是向利益相关者和领导层展示数据治理的定义和对组织的意义,目标是了解数据治理工作可能是什么样子和数据治理的关键接触点可能出现在哪里。那些刚接触数据治理但了解其他战略规划过程的人可能说,"如果组织完全支持,那么这个步骤就是多余的"。然而,实践表明这是一个危险的想法。事实证明,在展示某种"日常工作清单"之前,许多人并不理解数据治理对他们的岗位或工作环境意味着什么。在数据治理情景中,这个阶段看起来更像一个概念原型。

关注事项

由于我们正在制订高阶或者概念上的数据治理展示图,需要把数据治理范围转化为适合组织的数据治理定义,然后把该定义形成的范围和影响清晰明了地表达出来。你甚至可能希望使用一个概念性的实施路线图对当前状态与未来状态进行比较。在本阶段,需要用尽浑身招数(强调"用尽、无论什么")持续吸引越来越多的利益相关者接受这个愿景。我们在客户中用过的一种策略是数据治理"V 模型"的另一种更完善的版本。第 8 章将会介绍。

活动

(1) 定义组织的数据治理:初步给出数据治理清晰简洁的定义(参见第 2 章的示例),以及一个影响和关注点的简要描述,并获得批准。

(2) 定义初步的数据治理需求:定义和关注点将允许对要治理的内容划定第一个范围。不要从具体的数据源出发,而要从数据治理能够实现的业务目的开始,然后扩展到特定的业务事件、需求和合规领域。如果正在作为 MDM 或类似项目的一部分实施数据治理,那么这些元素应该已经具备。如果不是这样,那么这正是一个调整 MDM 工作方向的机会,因为主数据工作如果仅只把数据源当作需求进行讨论,就会偏离方向。

(3) 制订未来数据治理的表现形式:依据数据治理与业务流程的结合点整理数据治理的需求。此外,清晰地关联数据治理、业务流程以及数据治理将如何支撑(而不是妨碍)

业务活动,对于获得对数据治理的更多理解是非常有价值的。最后,一页纸的"每日工作清单"可能是本项工作最重要的成果。多年来,这项工作成果已决定数据治理工作是继续执行,还是停滞不前。

5.6 一次性和业务价值

虽然"愿景"阶段帮助更多的利益相关者更进一步理解数据治理,但是本阶段工作将更具体地分析如何衡量数据治理工作的财务价值报表和基线。数据治理团队要(更详细地)检查业务战略和目标,并在数据治理与从财务的视角对组织进行提升的活动之间建立联系。

关注事项

本阶段有两个方面值得认真思考。首先,考虑在数据资产管理方面还有哪些工作在开展? 如果有整体的 EIM 工作,或者像主数据管理或数据质量相关项目的工作,那么本阶段描述的一些工作可能已经做了。

然后,考虑这是实施数据治理必须做的一个步骤。如果部分或者全部任务作为另一项工作的一部分开展,那么这是好消息。若有一个关联项目(像数据质量和 MDM),就需要评估数据治理如何支持业务,即使它是通过数据质量和主数据工作等提供间接支持。要制订评价数据治理成功的标准,毕竟,你不能管理自己不能度量的事情。为此,需要开展本阶段的工作,以提供确定数据治理业绩指标和可持续性度量的基线。

活动

(1) 利用 EIM 或者数据质量(DQ)的业务案例——如果数据治理与另一项工作相关联,那么很可能有一些数据可用于业务协同方面的工作。这个活动就是利用这些数据把数据治理的要求、愿景和业务需求联系起来,有关业务目的和目标的其他详细信息就转换成具体的价值报表,其中数据治理就促进了正向变化。例如,数据治理在 BI 和报表领域给多数公司提供帮助,第一个领域就是确保 BI 措施和技术与业务保持一致,所以需要有一些与 BI 工作相关的清晰的业务目标。

(2) 使业务需求和数据治理保持一致——如果没有信息管理业务案例的其他来源,那么数据治理团队就需要执行本项活动。在 IT 部门启动以信息为中心的项目时,经常会看到这种情景,最明显的例子就是孤立的 MDM 工作,CIO 试图将整合核心数据作为一项技术工作,或者将数据仓库项目设计成解决数据质量问题的方法。数据治理团队需要完全理解业务需求,并且在需要正确且治理良好的信息帮助组织实现其预期结果的地方杜绝孤立开展数据行动。在组织需要用数据快速处理大量事情或在实施多个大型项目情况下,这可能不是一项微不足道的工作,它可以将公司战略映射到一个个信息项目或者活动,进而帮助数据治理团队回答"为什么"或应对外部的阻力。

(3)识别数据治理的业务价值——数据治理团队在该活动中确定具体财务收益数字和定义数据治理成功的业务指标。这里还可以是展示缺乏治理的成本或者继续使用管理不善的信息的好地方。

小贴士

当围绕愿景或者业务案例活动时,无疑会遇到数据治理的第一层阻力,当尝试向高管层进行汇报时,往往会发生以下三件事:

- 被告知下级将处理此事,高管们会太忙;
- 当业务发起人或业务代表需要向好的方向推进培训并淡化消息时,他们会临阵退缩;
- 管理层会迎合你的汇报,问一些很好的问题,然后弃之脑后。

很不幸,这三件事情都体现了缺乏领导力和理解力。根据经验,最高级别的阻力常常是由最需要业务一致性的组织提出的!然而,重复培训和消息的强化,伴随着一些好的衡量标准会开始打开大门。随着你深入公司的更多业务领域,你可能需要在一段时间内重新审视、重复愿景和业务案例活动。

5.7　职能设计

在本阶段中,数据治理将更加聚焦于制订数据治理如何具体运行的相关细节,本阶段的主要产出物是原则、政策和流程设计。这些都是数据治理工作运行过程中需要的,我们不主张采用"功能"这个词,主要是因为这里说的是"是什么",而不是"如何做"。现在就可以为数据治理"V 模型"的两侧提供相关支持了。

关注事项

需要构建一个框架推动数据治理的工作,这意味着要建立管理方面的一些基本构件和监控机制。然而,由于许多数据治理团队来自技术领域,他们从来没有组织架构设计方面的经验,因此常常会导致数据治理工作的严重延迟,因为这不是一个收集几张组织架构图的练习。

另外一个常见的错误是没有将信息管理流程和数据治理流程分离,这常常是因为数据治理团队的初始人员来自信息技术领域。一般地,最初的数据治理成员被告知要"适应"他们当前的角色和职责①。然而,对于这些人来说,在创建嵌入的组织流程、新的角色和一个可持续工作计划的同时,还要保持 V 所要求的职责分离是具有挑战的。

活动

(1)制订核心的信息原则——这项活动在数据治理的设计和实施阶段都是最重要的,第 10 章相当一部分篇幅专门讨论这项任务。简单地说,数据治理团队需要识别、记录和审查可被信息管理的核心组织原则,没有原则,数据治理工作就会陷入瘫痪。

(2)确定支持业务的数据治理流程基线——所有组织都在做"事情",数据治理实施团队在这阶段(通常使用通用流程清单)确定数据治理要完成任务的核心清单。本质上,可以通过开发流程模型(如考虑流程图、泳道图等)并添加具体细节完善"V 模型"。团队还将指出目前业务流程需要更改的位置,例如,我们经常发现需要对数据治理问题解决流程进行细化(即问题是如何识别、记录、促进和解决的——我们甚至设计了一个 911 流程,用于紧急关注数据政策违规行为)。最后,除了业务用户活动的变更外,不要忘记考虑 IT 领域,开发和管理计算机应用程序的流程和方法也会发生变化。

(3)识别、细化 IM 职能和流程——以类似的方式,数据治理团队也需要收集(或帮助定义)更多的 IM 职能。不要把这两个领域混在一起,否则将导致两个领域的混乱和效率的丧失。

(4)明确初步的责任和所有权模型——在数据治理团队确定谁在做什么以及不同级别的职责之前,数据治理和 IM 流程的核心活动清单是没有用途的。在这一步骤中,小组审查各项职能,明确为确保数据治理工作的可持续性而需要谁在哪些方面承担什么责任。这并不是新数据治理"组织"的最后一关——它发生在下一个活动中。这仅是第一步,因此管理人员可以了解变革的潜力,并能够在场景中以智慧的方式考虑新的数据治理流程和框架。

(5)向业务领导汇报企业数据治理职能模型——向管理层培训和展示新的角色和责任非常重要。在大多数情况下,对管理绩效的评价会有一些变化,而且在具体落实的过程中会有很多反复,但是不要惊讶,这些都是正常的(也就是说,将有人对数据负责)。

5.8 治理框架设计

一旦确定了职能,下一步就是把这些数据治理职能设计分配到组织框架中。把这个

---

① 值得赞扬的是,我们多年来一直与 IM 员工一起工作,作为个人,他们都必须履行双重职责。在信息管理领域有很多辛勤工作的人,我们从未见过一个管理团队允许数据治理部署团队放下当前的工作。当然,团队虽然会把成果设计出来,但然后就是高高挂起。对于要求双重职责(不提供额外激励)同时又说数据治理有多重要的管理层,我们将不予置评。

步骤与职能设计分开的原因有三个：

（1）数据治理团队关注需要的机制和工作流，而不担心人员和个性。

（2）执行数据治理任务的实际组织在不同的组织中会有很大差异，甚至在同一行业中也是如此。

（3）从我们的经验看，早期制订的组织框架很少与两年后的数据治理组织相似。

还请注意，这里用"组织框架"代替了"组织架构图"。过去习惯称这个阶段为"组织设计"，但这是不恰当的。考虑到目标是最终融入日常行为中，你将很少开发大型独立的数据治理组织。企业总是存在一个小的、虚拟的可见数据治理职能，但是，我们很少看到需要一个独立的、常设的数据治理"部门"。

小贴士

如果到目前为止你还没有这样做，那么现在就放弃存在独立数据治理组织的想法。成功数据治理的根源是用信息做现在做的事情，但是做得更好。考虑一下其他改变组织的行为，审计委员会没有采取正确的行动确保准确的会计核算，他们让别人去做，同样，你不希望一个单独的数据治理组织执行信息资产管理任务。

这个阶段还需要确定管理权/所有权/保管人的人数。请注意，在数据治理实施方法论中将这一步骤持续到功能设计阶段完成之后。其他流程可能早早就识别了管理员，但是我们不喜欢这样，因为这会让这些管理员觉得他们需要做点什么，然而这些内容还没有明确定义出来。这还能避免在真正定义这些角色对组织意味着什么之前，就将认责相关的整个管理词汇都抛出来。如果等到现在，就可以指定角色和职责，然后将适当的标签分配给数据治理职责的特定类型。

关注事项

在各类文章和书籍中有许多"标准"的数据治理组织架构可以当作模板，这里，大多数模板都用金字塔或其他层次方式展示数据治理框架。使用这类通用框架是没问题的，但是需要综合考虑本组织的文化和政治，然后再提出建议。

另外，确保职能模型是完整的，重新检查 IM 职能和数据治理职能清单的重叠部分，可能会发现一些早期并不明显但需要协调的内容。

在这一点上，需要考虑的关键概念是"联邦"的程度。简单地说，有些领域或主题需要比其他领域更严格的治理。第 3 章中介绍了联邦，术语"联邦"用来描述数据治理在组织内各个领域的渗透程度。数据治理联邦的一个典型案例出现在 MDM 解决方案领域，如客户是一个主题，我们会发现在一个组织中只有一小部分描述客户的内容需要治理，而在另一个组织中，可能发现围绕客户用到的所有信息都需要严格治理。请再次参考图 3-2，这是一个通用示例,展示了如何在一个大公司里进行跨多主题数据治理,如果不考虑联邦的程度,就不可能设计出有效的框架。许多组织努力地(天真地)对数据进行全量的集中监管(没有联邦的概念),另外一些组织认为他们可以开发一个完全虚拟的框架(完全的联邦形式,但很难持续),理想情况下,这是一个反映现实的过渡阶段。

活动

(1)设计数据治理组织框架——这一系列任务将决定在哪里和以什么级别执行、管理和负责管理信息资产。有时,前瞻性的组织会任命一个数据治理委员会(最终也包含管理专员和所有者)与数据治理团队一起设计组织框架。无论怎么做,这个活动实际上是一个老式 RACI(相对直观的模型)的实践以及对联邦程度的定义和对数据治理领导层的识别。最后,需要起草组织章程,即将被任命的管理专员和所有者用它作为推行数据治理的参考资料。

(2)完成角色和职责的认定——一旦 RACI 工作完成,数据治理团队(或委员会)就可以把人员名称放到角色中。根据组织的不同,这项工作可能比仅在图表框中填上名字困难得多。要及时完成这项活动,有几个潜在的障碍:

- 来自对数据"实权"拥有者的政治性威胁;
- 人力资源(或 HR)关注对职位描述的变化;
- 担心增加额外的职责会损害当前的生产力。

这里需要强调一件事,你不是在创造一个新的工作说明书或岗位,我们的好朋友兼实践者 David Plotkin 是这样说的,"数据管理专员不是一个工作,是已存在的非正式数据职责的正式化"。数据治理团队应与 HR 协作对新角色绩效目标进行联合修订。最后,数据治理团队将提出数据治理监督机构或委员会的组成建议,这些监督机构会冠以不同的名称。图 5-4 展示的是一个多名称和层级的示例。请注意,这个示例使用的是 V 形结构,而不是金字塔结构。这种结构不仅清楚地展示了层级,而且还展示了在哪里需要沟通。

多年来,我们根据数据治理框架内的岗位和角色使用了以下名称。

- 理事会——数据治理理事会通常是首要的监测和问题解决机构。在较大的组织中,可以同时有管理理事会和操作理事会。
- 委员会——当管理层理事会是顾问性质的时,通常称为委员会。
- 工作组(Forums)——在大公司里,治理形式是多种多样的。很多时候,需要建立专注于一个主题的子单元,通常称为工作组。

不管最终的结构如何,数据治理的每个主要层级都需要制订一个工作章程。附录 C 提供了一个范例的大纲,还应包含各治理层级的使命、愿景和主要活动。

(3)检查并获得数据治理框架设计的批准——一旦 RACI 分析工作、角色和名称的

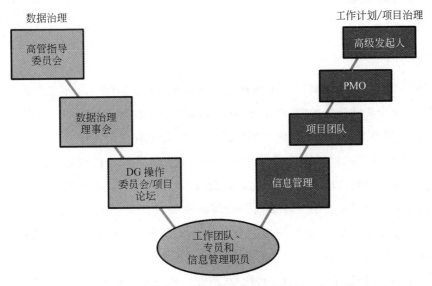

图 5-4　数据治理 V 形进化示例

识别等工作完成之后,下一步就是列出建议的层级和职能清单。通常,关于有哪些高层的支持资源和角色的定义会有很多讨论,数据治理团队要意识到,这一步骤可能需要花费一些时间,因为能够批准这类框架的人经常是由每月最多只聚在一起开一次会的人作决定。一旦数据治理的层级和职能得到批准,就必须进行负责方的实际任命,千万不要掉以轻心,数据治理的许多工作会在这里完全停止。一旦业务领导看到在他们领域的人(甚至是他们自己)将会增加额外的责任,他们就会停手并开始控诉,这就是变革能力评估如此重要的原因。希望精明的数据治理团队在这之前就识别出哪些人会犹豫不决,并事先私下解决所有问题。我们的一个客户花了六个月的时间完成这个活动,才得以继续前进并实施了数据治理,这个案例体现了数据治理需要更多的管控和沟通。

(4)数据治理的宣贯——框架和人员的批准仅是开端。现在,新的管理人员和相关方必须了解并做好准备适应新的数据资产管理方法。数据治理的领导层,包括管理和指导委员会,也需要被告知和了解公司数据治理工作的价值和细节。你可能需要(事实上,你应该)有计划地与你的高层管理者进行对话。这个任务可以被认为是数据治理整体实施的开始环节,也可以被看作最初的数据治理宣贯和培训。

5.9　演进路线

这一阶段是围绕数据治理如何"启动"的细节做出计划的步骤,数据治理团队将定义那些将组织的数据资产从"非治理"态转为"治理"态而需要的各种事件。另外,要理出数据治理持续运营需要的需求和基础性工作(或者说,为适应数据治理工作带来的改变所做的详细准备）。

关注事项

要知道，团队可能正在制订一个将执行几年时间的战术计划，这不是一项轻松的活动。通常，在这个步骤产生的"路线图"将整合其他项目的数据治理活动和措施。事实上，大多数时候你需要为其他工作提供数据治理的支持（除非你已经这样做了）。

不管推广阶段是如何开展的，都要确保有频繁的检查点和反馈机制。同样，要改变组织的行为，不要让环境和缺乏关注等原因造成组织找借口"推迟"数据治理工作的开展。

也许，这个活动最重要的关注事项是确保能够提供适应组织文化的提交件成果（交流、培训计划以及路线图）。我们常常会看到这个步骤的一般成果，如几份简报、一堆"培训课程"和一页甘特图，坦白地说，这类产出成果中的大部分常常被忽略，数据治理团队将收到一个"去过了，做过了"之类的完整回复，因此这些任务需要一些创造力。

活动

（1）把数据治理和其他工作整合在一起——数据治理需要融入组织日常的业务工作中，这是数据治理团队融入其他工作主流中的地方。有时，数据治理委员会、数据治理办公室等需要一些调整和重新宣贯，所以不要犹豫，立即回去调整或者宣贯。数据治理路线图或详细计划表已经被制订出来，但是请记住，如果有一个项目需要数据治理，如 MDM，就需要整合这个项目的工作计划。

（2）设计数据治理衡量指标和报告需求——我们经常说，你需要衡量自己管理的东西。数据治理需要一些基于度量的反馈机制确保其能够持续开展。如果不能展示数据治理明显的效果，那么当变革开始生效时，反对者就很容易否决这个计划。因此，数据治理团队需要定义一些可靠的进度指标和报告。

进度报告的受众、收集和交付机制也需要在此步骤中确定，仔细审查需要汇报给领导的数据也非常重要，这样就有业务驱动的原因调整度量和反馈机制。

（3）定义持续运营的需求——管理将要发生变更的第一步是计划这些变更，如果要成功推广数据治理，就需要解决许多文化元素，这个活动决定了这些元素以及它们是如何协调的。团队审核变更能力评估、利益相关者分析，以及在前一个活动中收集的任何其他发现，目的是开发确保数据治理工作可持续性的需求。在实践中最令人讨厌的是，几乎任何事情的实施都不考虑未来一两年需要发生什么，除了显而易见的培训和沟通活动之外，还需要对变更的速度和数量，以及数据治理团队和利益相关人的态度和士气进行持续测量。改变的努力需要长期的支持，所以数据治理团队要寻找合适的人作为变革的倡导者。

任何需要在流程、政策或行为中进行变革的工作的关键部分都是一致的、清晰的和明确的沟通,沟通的计划就是在这个环节制订的。另外,在这里有帮助的两个形容词是简单和直接。数据治理团队将投入时间,为即将到来的变革提供信息和创建品牌,沟通的时间、类型和力度都需要具体化,最后,沟通计划需要由数据治理领导审核和批准。

与沟通计划类似,还要制订培训计划,明确培训的受众,制订能够适应组织文化的培训交付方式,以及审核和批准培训方案。这里的关键是避免用"千篇一律"的培训材料——在实践中这也被称为"幻灯片死亡陷阱"。培训有三个不同的层次:

（a）引导——明确数据治理的工作阶段和高阶视图;

（b）教育——政策和机制落地实施的意识和能力;

（c）训练——使用新工具和新过程的操作指南。

（4）设计变革管理计划——需要制订正式的变革管理计划对需求变革进行管理,这将需要能够衡量变革的指标(不要与数据治理有效性的衡量指标混淆),以及设计利益相关者奖励机制和合规性管理活动,更好地帮助利益相关者进入一个管理良好的数据资产世界。变革管理计划要相当详细,一般包含一到三年的时间。

（5）制订数据治理推广计划——一旦了解了变革的需求,就可以将数据治理推广的细节整合在一起,提出启动数据治理的实际步骤,包括明确管理员和所有人的详细信息。

小贴士

如果数据治理不能保证它是始终可见的(并且重要人物因其成功而获得荣誉),那么数据治理的成功实施将被视为昨日的新闻,而这正是运营阶段的目的。我们以这种方式在一些现代的组织中,特别是现代的企业中推进数据治理的规划和推广,能够在两年的时间内持续推动数据治理。这可能是真的或者不是真的,但它确实有助于规划。

5.10　推广和运营

早些时候,我们提到需要保障数据治理是可持续的,本阶段就是可持续性相关活动的执行环节,这个阶段实际上不是一个具有不同的开始和停止日期的阶段,本质上,一旦启动了数据治理,它就永不停止。在数据治理完全融入组织之前(这可能需要数年的时间),需要对从未治理的数据资产向治理的数据资产的转型过程进行持续的管理。

本书中提供的关于可持续性的所有材料都是基于文化变革管理方面的真实材料,在实践中,已经演化到使用术语"持续运营",因为它比"文化变革"更容易被人理解和接受。

在此阶段,数据治理团队(实际上是整个数据治理框架)的工作是确保数据治理工作的有效性,满足或超过预期。有时会出现对外在阻力的被动响应,也会有积极的战术预防消除阻力。这个阶段主要强调的是确保对数据治理有持续可见的支持。

关注事项

首先必须接受的是,数据治理不能自我持续运营。虽然我们坚持数据治理的净成本将随时间推移最终为零的说法,但必须明白,为了确保达到零的状态,需要很多其他正式的活动。记住,最终的目标是使数据治理制度化,而不是一个独立的概念。这一阶段还应定期重新调整规划,因为人员和业务需求会变化。也就是说,数据治理工作需要在不失去重点的前提下进行适应性调整。

这个阶段的活动不是线性的,它们中的大多数会同时发生,甚至会相互交织在一起,接下来按主题介绍它们,以帮助理解。

活动

(1) 数据治理运营启动——最终,数据治理团队、相应的项目团队和数据治理工作组,一起真正开始"进行治理"。所有最初被指定的群体(在"路线图"中)都被分配到新的流程中。当然,这意味着培训和沟通,还意味着将发布大量开发的工具、成果(如指南、原则、政策等)。负责审核和审计的数据管理专员和所有者也开始执行这些活动。

(2) 执行数据治理变革计划——维持数据治理持续有效的所有活动将在这一阶段执行,包括沟通、培训、检查点、数据采集等。任何应对"阻力"的具体任务都可以放在这里,但随着时间的推移,培训和教育的材料将需要更新,新增加的工作人员需要培训,管理层也需要了解哪些是亮点,哪些不是。所有文化变革的元素都可以在这个活动中列出。启动之初,已定义好的最有效的任务就是在沟通、培训或解决阻力等方面的工作。

(3) 确认数据治理操作的可执行性和有效性——需要认真审查数据治理框架的有效性,如果可能,由一个独立的数据治理工作组或一个中央数据治理小组执行这项任务。需要审查数据治理的原则、政策和激励机制的有效性,有必要将框架(责任和义务的联邦框架)的有效性与数据治理的通用有效性分开。这项工作需要收集数据,生成能够反映数据治理政策、标准、管理员和所有者工作效率的有效性指标。专题小组、访谈和调查是用于评估其他组织成员如何看待数据治理的常用方式,通常,如果数据治理政策需要变更,则此活动将触发必要的调整。

5.11 数据治理总结

本章提供了"开展"数据治理的方法概况,并对每个步骤的概述、关注事项和活动进行了描述,接下来的章节将具体介绍实施数据治理所需的任务和工作成果。本章的主要概念是,数据治理实施虽然在现实中是可以程式化的,但仍然需要一个流程和严格管控。

5.12　核心的成功因素

这里,希望能够明确以下三个核心的成功因素:

(1) 数据治理需要文化变革管理。根据定义,你正在从不满意状态转向一个理想的状态,这意味着将发生一系列变化。

(2) 数据治理"组织"不是一个独立的、全新的部门。理想情况下,在大多数组织中,数据治理最终将转化为组织的一项职能。

(3) 数据治理即使开始作为一个独立概念出现,也需要与一个业务举措相关联。

这里提出的任务并不复杂,也不是难以实现,然而,那些缺少组织架构设计经验的人却常常忽视一些基本的"功能和技巧"。

第 **6** 章

范围和启动

> 在准备一场战争的时候,我经常发现计划是无用的,但是计划又是必不可少的。
>
> ——德怀特·戴维·艾森豪威尔

像我之前说的一样,当开始实施数据治理计划的时候,需要开展很多例行的活动。因此,必须保证数据治理的范围和界限能够被清楚地理解,同时需要制订一个计划更加有效地指导团队在整个实施过程中的工作。

根据观察,和企业信息管理其他相关的工作一样,数据治理工作的启动是非常困难的,因为这经常需要启动一些特殊的活动。很多公司在项目方面经验很丰富,但是在开展一些新的活动中常常陷入困境,和企业信息管理相关的工作一样,数据治理工作同样需要执行一些特殊的活动,本章将详细描述这些活动。

6.1　概述

首先,一些常规的活动需要开展,如时间计划、参与人、项目管理和沟通计划。同时,如果你正在参与一个 MDM 的项目或者其他类似的工作,你会或者需要对很多文档进行审阅,把它们收集起来或者找到这些文档在哪,如果需要权限,则需要申请许可去获取。和其他战略性的工作一样,了解所拥有的和需要挖掘的内容对评估会产生很大影响。最后,记住本阶段的工作需要确认大家对如何衡量数据治理的成功有一致的理解。图 6-1 和图 6-2 展示了"范围和启动"阶段工作的详细内容和流程。

不要认为这是一个非正式的活动,根据经验,一个典型的项目或者工作计划从本阶段开始会大概执行 400 项任务,我们曾经制订过持续三年的、包含将近 1000 个独立任务的数据治理实施计划,你可能不需要跟踪每一项任务,但是需要了解可能产生的任务的数量和可能需要的工作量,因此,本章一开始就强调:计划活动会设置数据治理整体的基调和团队。可能历史上计划最好的行动是诺曼底登陆(有时候也称为 D-Day),这项行动用两年的时间进行计划。这次登录行动非常成功,但是行动开始后这项计划也

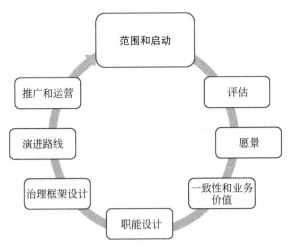

图 6-1 "范围和启动"的过程概览

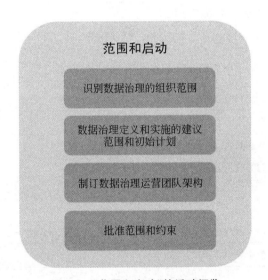

图 6-2 "范围和启动"的活动概览

顺利退出了①。因此,计划本身会随着时间而改变,但是人们的关注和交付成果会帮助持续地推进数据治理的工作。

本章和接下来的 7 章将按照相同的方式进行阐述,每个阶段的活动都会从分解后的任务、工作产品和收益等几个方面进行描述,同时,我们也会适当展示一些工作产品样例。

---

① 据所知,诺曼底登录行动的计划和执行表明:"需要制订一项计划的原因是一些细小的事情都可能改变计划"。我们永远都不可能追踪到每一个细小的事情,但是这确实捕获到了数据治理计划的本质。

6.2 活动：识别数据治理的组织范围

数据治理范围通常包含覆盖功能的跨度和期望渗透的深度。例如，一个大型的财务组织可能需要建立一个全面的关于产品和合规要求方面的数据治理机制，而同样的一个公司也可能要求深入了解数据治理如何真正影响公司业务的方方面面，并且会列出所有可能被数据治理覆盖的业务条线。

1. 活动总结

"识别数据治理的组织范围"的活动如图 6-3 所示。

目标	明确数据治理影响的业务单元/或者组织范围
目的	开始了解数据治理的广度和深度
输入	业务模型、组织结构图
任务	（1）列出可能受数据治理影响的业务单元/部门； （2）识别业务单元下的关键部门； （3）了解关键战略以及相关举措； （4）判断不同的部门是否需要不同的数据治理模式； （5）制订数据治理范围中的组织部门列表
技术	无
工具	Word、PowerPoint 或者其他类似的工具
输出	（1）数据治理可能覆盖的业务领域； （2）数据治理可能覆盖的部门； （3）数据治理的高阶业务战略驱动力； （4）数据治理范围的驱动力； （5）数据治理规划的范围
成果	数据治理范围的发布

图 6-3　"识别数据治理的组织范围"的活动

2. 业务收益及其他

数据治理是一项业务职能，通过对于数据治理范围大小的了解，业务将从这项活动中获得以下收益：一方面，在数据治理方面需要投入的工作量更加明确；另一方面，明确的范围可能引发更多积极的关于数据治理价值的讨论。

3. 实施方法关键思考

很明显，在开始本项活动之前需要制订一些数据治理相关的说明。尽管本书主要关注数据治理的实施，但是对于初创的数据治理团队来说，验证他们是否对数据治理有足够的了解，进而能够制订一个真正的范围声明是很有价值的，他们需要确认：

• 是否已经有数据治理是什么相关的定义或者解释？

- 数据治理概念是否被真正推广？是否需要更多的推广？
- 关于数据治理长期成功的驱动因素和影响方面是否存在概念性的理解？

如果上述任何一个问题的答案是"不"，那么接下来的工作中需要投入更多的精力强化数据治理相关的概念。

4. 输出样例

图 6-4 展示了一个数据治理范围的样例，因为这是一个单业务模式的情形（在这个例子中是零售业），所以数据治理范围主要是各个职能。图 6-5 展示了一个多业务模式下的数据治理范围样例，所以范围主要是各个品牌线和部门。

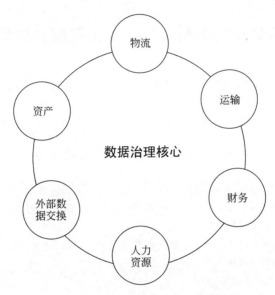

图 6-4　数据治理的初始范围——零售业

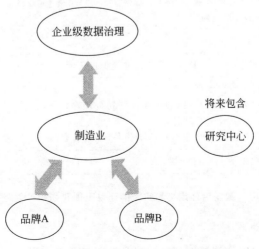

图 6-5　数据治理的初始范围——制造业

小贴士

数据治理团队经常是在开展主数据管理(MDM)或者类似项目的时候被组建开展数据治理工作的,或者是在统一的企业数据管理战略下作为数据管理团队的一部分,在进行企业数据管理的过程中被额外增加了部分工作。因此,他们需要更新旧的概念,并且对于初始团队来说,非常重要的是获得更多的支持(例如,被正式任命或者有受人尊敬的管理层支持)。如果是一个主数据管理项目启动了数据治理,那么这个项目的支持者需要推动数据治理工作的开展。

6.3 活动:数据治理定义和实施的建议范围和初始计划

本活动下的一系列任务主要是制订定义和实施数据治理职能的计划,需要结合相关的约束、评估考虑。

1.活动总结

"数据治理定义和实施的建议范围和初始计划"的活动如图 6-6 所示。

目标	定义数据治理的最终范围,基于数据治理标准的定义,结合相关的约束条件:时间、市场环境、合规等调整数据治理范围,然后再定义数据治理实施计划
目的	基于时间等方面的要求调整数据治理范围,定义详细的方法进行数据治理相关的实施
输入	(1) 初始的范围; (2) 基础的数据治理实施模板(见附录)
任务	(1) 定义具体的数据治理任务; (2) 定义当前治理范围内已知的约束; (3) 定义必须开展的评估; (4) 定义标准的启动任务
技术	无
工具	Word、PowerPoint 或者其他类似的工具
输出	(1) 数据治理任务; (2) 已知的约束(如市场、时间、合规等) (3) 需要进行的评估; (4) 标准的企业程序启动任务(如果有)
成果	数据治理项目计划

图 6-6 "数据治理定义和实施的建议范围和初始计划"的活动

2.业务收益及其他

当团队开始编制详细计划的时候,相关活动的范围会变得更加清晰,数据治理的范围也就可以更好地调整,同时这也可以防止数据治理的工作在某一时间忽然增加很多。对于一个项目驱动的数据治理工作,如主数据项目发起的,主要的收益是从一开始就可以掌握主数据项目相关的影响和需求。

3. 实施方法关键思考

很明显,数据治理最终范围的确定取决于数据治理是基于项目(类似于主数据项目)驱动的,还是作为一个企业级的职能进行建设的。

4. 输出样例

数据治理计划的输出样例请参考附录 A。

小贴士

记住,你依然可以制订一个更大的项目计划,即使数据治理仅是为一个特定的主数据项目服务,因为会有很多变动的内容需要协调。如果项目时间非常重要,同时你已经制订了良好的三个月的策略计划,那么就可以在接下来的几个月开发详细的计划,越详细越好。

6.4 活动:制订数据治理运营团队架构

一旦了解了方法,建立持续性的数据治理团队就是接下来的首要任务了,团队包含各个层面的角色(如能够编写策略、设计职能模型的操作人员,委员会的决策人员等)。

建立持续的数据治理运营团队是没有疑问的,但是在这个时间可以挑选一些聪明的伙伴一起定义相关计划,同时一定要确认公司没有在推广团队中加入运营团队的人员。委员会或者支持者这时也可能仅关注工作的推广,这可能更多是个人层面的推动,但是这和使命或者方法没有冲突。

1. 活动总结

"制订数据治理运营团队架构"的活动如图 6-7 所示。

目标	识别具备经验的团队成员、委员会成员以及其他利益相关者
目的	判断谁在进行数据治理实施方面是可用的,包括领导、操作人员等
输入	(1) 初始的范围和计划; (2) 组织结构图
任务	(1) 识别数据治理团队成员和关键利益相关者; (2) 识别数据治理委员会成员; (3) 开展数据治理工作参与者的 SWOT(优势、劣势、机会、威胁)分析

图 6-7 "制订数据治理运营团队架构"的活动

技术	(1) 建导(Facilitation)； (2) SWOT 分析； (3) 团队建设
工具	Word、PowerPoint 或者其他类似的工具
输出	(1) 团队成员和利益相关者列表； (2) 数据治理委员会成员名称； (3) 数据治理参与者的 SWOT 分析
成果	可以持续推动数据治理工作的团队成员方案

图 6-7 （续）

2. 业务收益及其他

数据治理团队中的典型角色如图 6-8 所示。

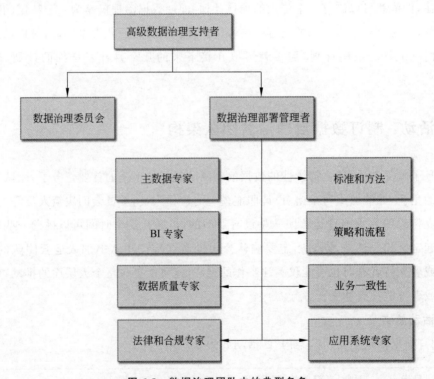

图 6-8 数据治理团队中的典型角色

注意，在本阶段的活动中有 SWOT 分析。SWOT 分析是一项非常知名的分析团队潜能的方法，通过分析可以了解每个人可以带来的优势、具有的缺点、可能造成的机会和威胁。在本阶段会遇到政治斗争、完全不懂，甚至是抵制。这里有一些团队没有被认真建立起来的特征：

- 把数据治理团队当作程序员的"墓地"——通常情况下，IT 人员会是数据治理团队的第一批人，他们会申请成为团队成员，因为他们不适合其他位置。这证明有些人没有认真对待数据治理这件事情。数据治理实施团队需要精通内部的政治斗争，了解各方的情况，并且能够脱离传统的信息管理范畴思考问题。典型的参与角色请参考图 6-8。

- 建立了数据治理委员会并且把非决策者加入进来，这也是没有认真对待数据治理的特征。需要开展更多的数据治理培训，并且加入项目计划中。

3. 实施方法关键思考

当推广团队遇到困难的时候，有两个做法可选，注意这里强调的是"遇到"的时候，而不是如果。

（1）作为主数据或者其他类似项目的一部分，项目的支持者发现了一个新的数据治理相关的问题（通常是类似这样的问题"不，你不能再使用这些资源了"）。数据治理团队这时需要越过主数据项目直接提交这个问题到 PMO（项目管理办公室）或者其他类似的组织。这是一个很怪异的事情，但是他确实可能发生。

（2）如果数据治理是企业信息管理工作的一部分，他们就会用当前任何可能的人选处理数据治理相关的工作，这时需要额外的时间进行培训和团队建设。他们要么有额外的时间进行培训，要么有充足的理由委任其他人处理类似的需求。

记住，数据治理推广团队的成员不是不变的，他们可能回到自己之前的工作中。

4. 输出样例

参考附录 A 中的数据治理实施计划是本阶段任务的典型样例。

小贴士

如果团队没有任何外部资源支持，那么数据治理工作很难推动。我们曾经和一个横跨三大洲、员工超过 50 万的公司一起工作过，而这个公司仅分配了一个人开展数据治理的工作，设计了数据治理委员会但是并没有真正实施，所以当数据治理工作最终开始实施的时候，基本没什么进展。

数据治理实施团队应该具备数据管理和数据质量管理的经验，他们应该具备识别数据问题的能力。业务领域专家和一些非常了解信息系统的人也是非常有价值的。

并不需要一大批人进行数据治理工作，即使是上文提到的大型公司也仅需要 4~6 个全职员工，从而最终有效开展数据治理。关键是需要一个强有力的数据治理委员会和支持者。

6.5 活动：批准范围和约束

本阶段的主要任务是向领导层汇报良好的数据治理团队，获得领导支持并推动数据治理的工作。委员会成员必须了解数据治理团队的义务并且能够应用到日常的工作中，他们需要对数据治理工作提供公开的支持,防止有人阻碍工作的开展。

1. 活动总结

"批准范围和约束"的活动如图 6-9 所示。

目标	获得数据治理团队、实施范围、方法和时间计划等方面的审批
目的	获得真正的、真实的支持推动数据治理工作
输入	数据治理计划、团队架构和范围
任务	(1) 和建议的委员会成员一起审阅范围; (2) 根据反馈进行调整; (3) 制订最终的数据治理范围
技术	(1) 展示; (2) 推广; (3) 协助
工具	Word、PowerPoint 或者其他类似的工具
输出	(1) 数据治理范围草案; (2) 修改意见反馈; (3) 最终的数据治理范围说明
成果	审批过的、定义清楚的数据治理范围

图 6-9 "批准范围和约束"的活动

2. 业务收益及其他

很明显,获得管理层的一致通过是一件好事情,此外,这时数据治理团队可以说已经成立并获得了真正的、可能还很小的权利。

3. 实施方法关键思考

一定要确认得到了关于数据治理范围和方法的真正批准。通常情况下,虽然我们看到了"橡皮章",但是领导层遇到各种阻力时候的表现又会让我们感到震惊,审批的流程一定要包含完整的数据治理的过程。

4. 输出样例

同样,请参考附录中的数据治理实施计划样例。

小贴士

"权力"这个概念在这里非常关键,只要数据治理团队获得了一些权力,数据治理工作就可以开展下去。如果雇佣了一些边缘人物,那么培训他们[①],然后计划更多的培训。如

---

① 从来不会有什么人对数据治理完全没有价值,毕竟,你可能因为从某个人身边带走一个边缘人物而给这个人(这个人可能是数据治理的抵制者)带来一些帮助。但是,更多的情况下,我们常常被我们认为是边缘人物的工作成果所惊讶,可能他们正是想换一个环境,我们总是发现一些他们可以利用的地方。这种做法是作者的团队组建策略,同时,我们也从来不排斥任何人。

果数据治理委员会的力量比较弱,那么就制订一些方法引起别人对这个问题的重视(使用有策略的方法)。

6.6 总结

前面曾经介绍过,数据治理工作经常在信息技术领域启动,虽然不完美,但是也没有问题,只是未来需要更多有价值的人加入。

本阶段工作的重点是启动,范围可能没有完全确定,项目计划将来肯定会变动,团队人员来了会走,但是,启动就好,这个工作绝对是企业信息管理领域中最难的工作。数据治理范围和启动的驱动力是数据治理工作启动的原因,这非常重要。不管是解决新的或者是修复 SAP 实施中相关问题的主数据项目,这将是主要的关注范围。一般情况下,数据治理是企业信息管理或者数据质量管理的一部分,在这个过程中需要人们更多地考虑数据治理的本质,或者哪个领域是数据治理首先考虑的。

第 **7** 章

评　估

"见"是"信"的终结，因为既然已经亲眼看见，盲目的信仰也就失去了用武之地。

——特里·普拉切特

7.1　概述

评估阶段主要是收集、组织有能力治理的并且需要被治理的数据，这些工作经常会和数据质量、主数据、商业智能或者其他企业信息管理工作相关的评估有重叠，也可以作为企业信息管理评估工作的一部分进行。评估可以识别"组织使用数据的方式、意识和组织如何在日常工作中落实信息资产管理的理念，也可以明确组织信息管理能力、成熟度、内容有效性等方面的当前状态"[①]。

虽然也可以从其他相关的评估中得到想要的结果，这种情况在数据治理工作中也经常出现，但是本章还是单独从数据治理的视角分析这个工作。然而，因为有很多交叉，所以本章比较好的做法是在论调和内容方面与《以业务为导向的企业信息管理》(Morgan Kaufman，2010)的第 19 章保持一致。若想了解在更广阔的范围中的评估以及评估样例，请参考第 19 章的内容。

在数据治理评估的过程中，需要了解的基本内容是企业是否真正把信息当作资产进行管理。这是信息资产管理(IAM)提出的数据治理基本原则。因此，这个原则当前是必须被接受的，或者需要开始识别阻碍这个原则被接受的障碍是什么。

评估不仅仅是在访谈中问一些问题[②]，它需要能够提供准确的、可验证的状态描述信息，并且需要非常及时。访谈当然也可以完成这些目标，但是不够及时。因此，通过调研或者其他数据收集的技术，数据治理的评估工作往往可以取得更好的成效。

在企业信息管理(包括数据治理)的所有评估中需要覆盖以下维度：

[①]　John Ladley，《以业务为导向的企业信息管理》(Waltham，MA：Morgan Kaufman，2010)。

[②]　访谈者太激进，会导致访谈过程中无人发言，太温和，又得不到自己想得到的内容。咨询人员常常感到惊慌，因为看似任何事情的启动工作实质都是访谈。访谈中的业务人员积极性通常不高。

（1）组织：组织的方方面面都会影响数据治理，同样也会被数据治理所影响。评估中需要考虑组织架构、员工的分布、信息使用人员的能力水平以及他们对数据资产的理解程度等内容。除此之外，还需要考虑数据治理中需要应用到的基本技能。

（2）一致性：这个维度主要描述业务与当前 IT、信息使用现状之间一致性的关系，这是很重要的。所有 IT 项目的建设是否作为一个整体进行管理？信息是否一个关键的思考因素？数据治理工作走向失败的一个重要原因就是缺少业务和信息的一致性。没有了一致性，就不能真正了解业务，数据治理工作也会在各种声音中走向迷失和消亡。

（3）运营：这个维度主要考虑创建和存储信息相关的设施。既然技术关注工具的构建，运营则更关注技术的使用。组织是否有操作流程和设施提升内容处理的效率？应用和系统主要是面向流程的，还是面向数据的？

（4）技术：现在的技术是否可以有效支持信息的创建和应用？

（5）信息：对信息的哪些方面进行了管理？隐私和安全是否被考虑了？是否包括了规则和模型？[①]

过程概览和活动概览分别如图 7-1 和图 7-2 所示。

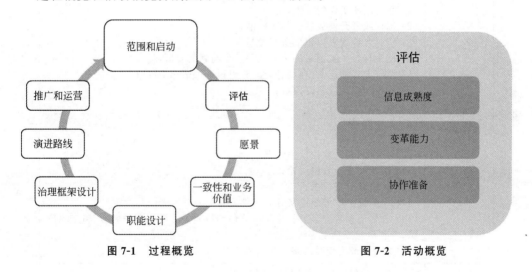

图 7-1　过程概览　　　　　　　　图 7-2　活动概览

7.2　活动：信息成熟度

组织的信息能力管理成熟度（IMM）可能看起来是数据治理的一项驱动力，而不是数据治理的特性，毕竟，如果已经发展"成熟"了，那就不需要数据治理了，所以称为驱动力更合适。各种事实和案例证明了对信息管理态度更积极的组织往往可以取得更好的成果。

---

① Ibid

在关于成熟度的各种讨论中,一个关键因素是信息技术部门的基层部门开始真正了解到信息管理和使用要达到的成熟度等级,这也会影响信息成熟度目标等级的定义。在整个信息管理成熟度定义阶段,都需要按照这种可描述且可测量的方式开展。

当审查组织如何创建信息和相关内容的时候,本活动的主要目标是理解组织怎么利用他们创建的内容。通常情况下,评估都是通过组织的网络在线进行的,问题主要是关注组织如何更好地使用、管理数据发挥它的价值等方面,主要包括决策支持、沟通、分析以及关键职能需要,如研发或者合规(如果业务需要)。

1. 活动总结

"信息成熟度"的活动如图 7-3 所示。

目标	理解组织怎么利用他们创建的内容,主要关注业务人员对组织如何管理、应用数据并发挥数据价值的看法和印象
目的	提升数据的质量和利用能力是数据治理的核心驱动因素。本活动从客观的、定性的角度提供了评估,是将来数据治理效率提升的基础
输入	本活动需要开发调研方面的问题。输入的内容是本书中的模板或者相关的过程。参与者必须在固定的地点并保证是匿名的
任务	(1) 确定调研工作的范围; (2) 选择或者开发成熟度等级标准; (3) 按照名称或者组识别所有参与者; (4) 使参与者了解调研的重要性并且参与者需要匿名; (5) 调研方式的定义(在线、问卷、分组讨论(group focus)); (6) 检查和修改成熟度模板; (7) 定义最终交付的样式; (8) 部署调研工具; (9) 监控在线调研; (10) 分发问卷并监控反馈情况; (11) 准备并开展分组讨论; (12) 收集和分析数据; (13) 基于成熟度等级定义计算成熟度得分; (14) 收集信息管理、应用、优先级管理和控制等方面已有的标准、制度和策略,并和信息成熟度等级进行映射; (15) 分析关键发现并准备汇报材料
技术	参与者必须保证他们的回答是匿名的。 关于评估,有三项技术,按优先级排列如下: (1) 通过网络进行在线调研——最有效,并且参与度很高; (2) 按照管理等级进行分组——不要把不同等级的人混合在一起; (3) 带很多"复选框"的问卷——比较费时并且参与度低。 与团队一起定制成熟度等级标准,并得到高层支持者评审和同意
工具	在线调研工具——大部分大公司都有授权软件,或者在网上找一个授权软件(如 Survey Monkey™)。 使用 Excel 创建或者修改调研模板

图 7-3 "信息成熟度"的活动

输出	(1) 评估调研结果并以图表或者图的方式展现； (2) 制订现状或者缺少数据治理方面的分析； (3) 明确需要关注的关键问题
成果	(1) 信息管理成熟度评分结果和交付的报告； (2) 报告中包含下一步的建议； (3) 高层支持者同意提出的关键发现，即使现在可能还有争议

图 7-3 （续）

2. 业务收益及其他

本活动提供了关于信息使用方面成熟度等级的客观评价，通常情况下，评估会给出关于数据治理必要性的体系化描述。

3. 实施方法关键思考

调研时间的长短可能是你的支持者和初始数据治理团队的主要关注点，支持你的 CIO 也许会关注是否这会疏远利益相关者或者扰乱下属的工作。判断调研的范围就是判断收集哪些 IMM 相关的数据，或者你是否需要把本次调研和其他调研进行合并。在线调研最好不要超过 15 分钟，否则参与度会越来越低。

真正调研的问题需要是明确的，很大一部分参与者会评价调研效果的好坏。当把调研问题放在一起的时候，总是有一些问题会有明显的答案并且对评估结果有显著的影响。

当然，我们希望参与者越多越好，参与者须能够代表高、中、低三个层面的管理者，我们倾向于把不同的组进行隔离，因为他们的答案肯定是不同的。另外，需要有一个机制对参与者进行奖励，同时也需要对落后者进行监控和进度跟踪。

如果调研是通过建导（facilitation）或者访谈的方式进行的，那么需要把会议安排得尽量合理。分组讨论会议需要以表单的形式填写调研问卷，最后进行统计和评审，访谈需要能够问到调研中的所有核心问题，访谈的过程同时也可以记录被访谈人的个人感想。访谈的人数尽量少，同时也要确保支持者能够理解 IMM 调研会比统计更加有说服力（more anecdotal）。

本活动不是可选项，尽管它可以和变革意识评估合并在一起。

4. 输出样例

我们开展过的所有调研采用的都是利克特量表（Likert scale）方式，我们认为这提供了一种非常好的整理答案的方式，能够让我们真正了解到组织是如何利用它们的数据和内容的。

图 7-3 展示了《以业务为导向的企业信息管理》书中一个案例的 IMM 评估结果的一部分（UIC 是一个虚构的公司），最终的成熟度等级是 1.8（基于支持者和高管们的主观判断）。

5. 成功提示

调研已经成为组织衡量所有事情的一种常用方式，从而导致很多人对调研持有怀疑态度,或者认为这是否值得花时间参与。根据过去调研结果应用的方式,你会惊讶地发现说服参与者匿名参与是很困难的事情。如果单位的调研历史表明调研不是一个很好的方式,则需要考虑由数据治理组织之外的人组织分组讨论,这会花费更多的时间,但是可能会取得更好的结果。图 7-4 是一些调研问题的概要示例。

	非常不同意	不同意	一般	同意	非常同意
	1	2	3	4	5
企业已经发布了原则指导如何查看和处理各种信息					
已经制订了如何把数据展现给所有用户,IT 人员如何描述数据等方面的标准					
数据管理相关的策略已经发布					
数据相关策略已经被理解并且一直执行					
制订了组织内外部的数据交换和共享相关的制度					
数据质量的重要性得到普遍的理解					

图 7-4　IMM 调研样例

本项活动的时间跨度平均在 2~4 周,期间需要占用部分数据治理团队和内部调研团队的全部时间。短的时间跨度是一个成功要素,如果需要分组进行,就指定两个人员并推动各组在一个月内完成。避免给人留下"分析缓慢"(analysis paralysis)的印象,记住项目外还有很多人可能把本项目当作"其他类似的传统信息项目"。

小贴士

尝试请求公司市场部或者人力资源部门的帮助,他们常做各种调研,并且也非常了解调研工作,如果这样做,他们可以在分组讨论方面帮助你。

7.3　活动:变革能力

所有的组织在运转方式上都是唯一的,即使是同一个业务领域或者市场方面的。这些组织的行为模式或者方式都代表了一个组织的文化,这些文化的一部分就是变革能力。

很明显,组织在适应变革的难易程度和时间方面都是不同的,因此,本活动的目标是评估组织的变革能力以及潜在的抵触能力。如果不这么做,就会冒错失关键信息的风险,而这关键信息能够使你的 EIM 团队适应并利用组织文化,而不是和组织文化进行战斗。此外,越早识别出组织文化相关的问题,越能更快地识别出阻力并找到解决方法。

变革能力调研样例如图 7-5 所示。

问题编号	认可程度	调研问题描述
26	49%	我理解评测组织绩效的关键指标
5	72%	制订了组织内外部的数据交换和共享相关的制度
29	79%	为了更好地工作,使用数据分析作决定
21	85%	在我的部门有数据库、Excel 和其他方式的数据,我们维护这些数据并用来汇总报告
28	94%	收集和分析与工作相关的数据

- 大家普遍相信管理层了解组织绩效的评测。

- 在一个保险合规的环境下,大家对问题 5 的认可度非常高,这并不意外,但是,这与数据质量和控制相关的普遍认识是有冲突的。

- UIC 公司普遍认为他们使用数据分析和改进工作流程。

- 问题 21、28 和 29 的认可程度非常高,意味着 shadow IT 在组织内部普遍存在,并且导致很高的风险和成本。

- 问题 28 表明大部分中层管理者会花很多时间收集、分析数据,而不是花很多时间做管理和其他方面的工作。

级别1:初始级	级别2:重复级	级别3:定义级	级别4:管理级	级别5:优化级
• 领导者的 • 个人的 • 分散的 • 混乱的 • 独特的 • 用户很少 • 规则未知的 • 多变的质量管理 • 高成本的	• 部门的 • 完善的 • 一致的 • 内部定义的 • 被动的 • 局部的标准 • 部门内部的质量管理 • 特定的用户 • 局部的流程 • 高成本的	• 整合的 • 企业级的 • 数据责任清晰的 • 和战略一致的 • 共享和重用的 • 统一的质量管理 • 有计划并且可跟踪的 • 广泛的数据应用 • 元数据管理 • 统一的技术架构 • 高效的	• 量化控制的 • 全生命周期的 • 低延迟的 • 交互的 • 非结构化数据 • 协作的 • 过程高效并有效的 • 嵌入的价值控制 • 扩展的价值链 • 高可用性	• 持续提升和创新 • 实时的 • 全面的数据挖掘 • 知识库 • 有竞争力的商业智能 • 数据资产可量化 • 自管理的

UIC在这里

图 7-5 变革能力调研样例

1. 活动总结

"变革能力"的活动如图 7-6 所示。

目标	首先,评测组织为了开展 IAM 而进行行为改变的能力;其次,识别潜在的阻力
目的	对于数据治理来说,评估组织文化变革相关的风险非常重要。数据治理工作必须是持续的,如果数据治理团队不能适应和利用组织的文化,那这个目标就不可以实现。本阶段工作的结果会用来调整"运营"阶段的工作,同时也会影响信息项目以及策略的发布
输入	无; 除非组织已经制订了标准的变革管理流程,这一般会包含在"评估"的工作中; "运营"阶段可能对本评估进行必要的修订,从而更好地评估组织如何适应必要的变更
任务	(1) 确定评估的方式,是采用正式的会议;还是采用全面的调研工具; (2) 确定目标的群体; (3) 定义调研的人数和访谈对象; (4) 定义调研方法:会议、问卷或者在线; (5) 管理调研或者召开会议; (6) 分析和总结关键发现; (7) 确定是否需要更进一步的调查; a) 高层的支持; b) 高层的承诺。 (8) 确定哪些内容需要立刻报告或者只发送给 EIM 团队用于支持后续的工作
技术	如果 HR 已有变革管理团队或者组织有一些具备变革管理经验的专业人士,那么就充分利用他们的技能; 如果时间很短,一直到"运营"阶段,一些非正式的、有趣的练习就非常有帮助; 另外,一个非正式的技术是把会议中的问题都作为一个检查表,并且和不同组的人员一起进行评审,因为 EIM 经常有人员的变动
工具	在线调研工具——大部分大公司都有授权软件,或者在网上找一个授权软件(如 Survey Monkey™),使用 Excel 或者 Word 创建或者修改问题表格
输出	结果可能是一份报告,或者一次汇报。在 EIM 工作过程中,汇总结果需要进行广泛的沟通,同时任何个人的反馈都需要妥善保管
成果	当评估结果被管理层或者支持者所理解和接受的时候,组织文化变革能力评估就完成了

图 7-6 "变革能力"的活动

2. 业务收益及其他

本阶段收集的数据会应用到整个职能设计过程,并且一直持续到设计完成之后很长时间。本阶段的工作提供了一个评测将来 EIM 发展状况的基线。

3. 实施方法关键思考

这是一个强烈推荐的工作,真的没有其他可选项——本项工作必须做。本项工作可以在两个阶段开展：本阶段先进行非正式的、简要的调研，然后在"演进路线"阶段（或者是在运营阶段）再进行详细的、正式的调研。非常通用的做法是进行调研，通过调研发现很多明显存在的问题，然后在演进路线和运营阶段再参考本阶段的评估结果。

一些组织可能抵制任何技术性的团队开展组织文化方面的评估，在 IMM 评估过程中，如果数据治理团队不能克服这个障碍，变革工具相关的任何优点都将毫无意义。

目标听众基本是管理层、知识工作者以及部门数据分析师。参加调研的人员需要按组分别进行，同时结果也要按照选择的分组分别汇总。至少，可以按照这种方式分：高级管理者、中层管理者、其他。

对于通过调研进行的评估来说，最好的方式是使用在线工具，如果在线工具不可用，就改为分组讨论。由于过去在线调研的参与度非常低，因此最后的方式是手填问卷。如果采用分组讨论和手填问卷的方式，则需要几周的时间安排分组讨论，然后再留两周时间回收问卷，期望三周后就能够展示调研结果。

如果已经有排斥变革的痕迹，或者抵制变革的势力已经被识别出来（例如，在之前的信息化管理中已经出现过的，可能由于各种原因失败了），这时就推荐采用正式的工具。

4. 输出样例

展示结果最好的方式是采用一些简单的图表。图 7-7 展示了一些很强的、但不是不可以克服的抵制变革的阻力。

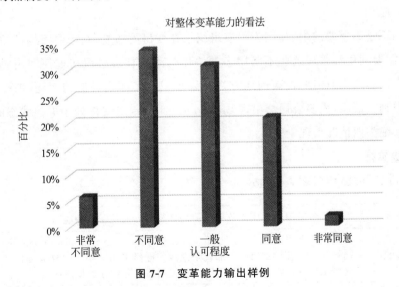

图 7-7　变革能力输出样例

5. 成功小贴士

没有参加过正式业务变革工作的业务人员或者技术高级管理者常常会拒绝本阶段的工作，实际上，很多项目的演进路线和运营阶段都需要花费大量精力处理问题，这看起来有点"艰难（squishy）"。然而，根据对过去十年中大型信息技术项目失败根本原因的分析,这些项目的失败常常和一些关键因素同时发生有关:失败的沟通、工作成果没有和业务达成一致、无效的培训、缺少业务支持者等。这些变革管理方面的问题常常导致项目失败,并给组织造成数百万美元的损失。如果想要数据治理工作做得更好,必须正式管理相关的变革。

可以从一些知名公司开发的行业资源库或者作者那里获取用来支持数据治理实施工作的标准变更管理的任务,包括普赛生物(ProSci)、Change Guides、LLC、Jokn Kotter、William Bridges、Daryl Connor。具体信息请参考脚注和参考文献部分的内容,那里有大量的内容,可能需要一些费用,但是非常简单易行,可以用来支持数据治理的工作。

7.4 活动:协作准备

文化意识方面的一个特定领域是协作能力,本活动就是评测组织内部已经存在的协作或者其他相关合作行为的数量,同时也会包含一些组织中存在的类似 Facebook 或者 Twitter 的工具。当内容管理、文档管理和工作流管理等都纳入数据治理的范畴时,本评估工作就非常重要。此外,如果组织已经采用社交网络(social networking)的方式开展业务,那么本评估工作就会比较容易开展。本活动常常通过检查已经采用的技术、部署范围、使用情况等几方面进行评估,另外,也可以采用类似"变革能力"中的评估简要了解组织协作的意愿。

本活动不是不重要的内容,因为很多组织正在变得更加复杂,需要跨越部门界限进行协作,这就需要利用和管理这些不断增多的协作行为,同时,组织在如何利用协作和社交技术进行决策方面还有需要提高的地方。如果组织已经面临类似的问题,那么本评估就需要被考虑到。最后,很多公司会出现 Sharepoint、Lotus 等文件处于失控状态的情况,本评估将会杜绝类似情况出现。

1. 活动总结

"协作准备"的活动如图 7-8 所示。

目标	判断一个组织通过应用数据支持协作行为方面的需求和能力
目的	如果一个组织已经采用了工作流、文档分享(如 Notes、SharePoint 等)、文档管理、社交网络工具等,那就是说他们已经采用了很多协作方面的工具,这些工具可以将"信息资产管理"相关的信息存储在数据库中
输入	大多数时候,IMM 或者"变革能力"相关的调研会触发开展本活动的建设需求。然而,在进行评估阶段工作的整体规划时提前考虑本项活动,将有助于更好地培养"意识"。典型的输入是协作方面的问题,可能来自 IMM 或者变革能力的评估,或者考虑业务是否需要工作流协助进行评估

图 7-8 "协作准备"的活动

任务	(1) 分析评估范围是否包含以下内容： a) 网站及其内容； b) 文档和协作平台； c) 寻找和识别关于共同经验和兴趣的团队； d) 工作流； e) 协作产品； f) 即时通信、短信、Twitter 或 Facebook 等现代工具。 (2) 确定评估方法——访谈、文档检查、调研或者多种方式同时开展； (3) 收集关于文档分享、工作流、内部 Wikis、博客等方面已有的标准、制度、策略； (4) 收集 SharePoint、Notes 或者其他分享工具相关的清单； (5) 确定调研范围； (6) 选择或者开发调研基准(asurvey scale)； (7) 如果需要，以名字或者组的方式识别所有的参与者； (8) 告知参与者重要性以及需要匿名参与； (9) 如果需要，则根据兴趣进行分组讨论； (10) 关于调研交付方式(在线、手写、分组讨论)达成一致意见； (11) 定义最终交付的样式； (12) 实施调研工作； (13) 监控在线调研； (14) 分发问卷并监控反馈情况； (15) 准备并开展分组讨论； (16) 收集并评估采集到的调研数据、文档和会议资料； (17) 基于定义好的标准评估协作意识； (18) 分析关键发现并准备汇报材料
技术	访谈、调研(推荐在线的方式)、协助支持(facilitated sessions)都是可选的技术
工具	在少数场合下，一些组织可能在局域网内跟踪工作进展和内容的使用，这些数据可能是可用的，否则，Excel、Word 就是需要采用的工具
输出	本评估中协作意识方面的信息可以用来制订数据治理的愿景，在这种情况下，对于很多组织来说，协作可能是一个新的话题，数据治理就是跨职能部门进行协作的动力
成果	当评估结果被数据治理领导层审阅和批准后，本阶段工作就成功完成

图 7-8　（续）

2. 业务收益及其他

具备协作意识的商业智能团队常常可以建立高效的关系并通过信息和知识驱动一些新的业务活动，进而优化组织的工作流程。一旦采用了协作社区（collaborative communities）或者机制，那么对协作进行管理的主要受益就是业务活动可以被测量并得到反馈，进而可以提升业务，同时也可以优化他们的业务流程。

3. 实施方法关键思考

当很多组织某天忽然发现他们不能控制或者提供更多的 Notes 和 SharePoint 站点

时,这些大量已存的 Notes 和 SharePoint 相关数据也需要进行评估。他们会像啮齿动物一样迅速生长,否则,这种评估会非常简单。

4. 输出样例

图 7-9 展示了 Farfel Emporiums 公司案例中的一些访谈和调研结果,这家公司通过 FarfelNet 建立了协作的机制,FarfelNet 是被用来支持销售领域工作的,这是一个 Web 站点,可用来查询商户留言、建议、供应商目录和商品的采购清单等。

协作评估结果总结
1. FarfelNet 可以使商户通过计算机获取需要的信息,而不用和供应商面对面商谈
2. 目录信息中有四分之一的数据是过时的,在节假日的时候,这些信息不可用
3. 所有商户都有他们自己的"系统"管理供应商,分析趋势和管理目录信息
4. FarfelNet 调研中的代表性意见:
a. 整个 FarfelNet 的组织需要尽量简单。我发现在 FarfelNet 上查找描述、手册非常困难。通过菜单导航的结果往往是一个搜索界面,而在搜索过程中往往又查询不到结果
b. 通常情况下,不能找到需要的信息,或者搜索到的相关文档相关性不强
c. 为什么用 SharePoint? 我们所做的就是把旧的麻烦换成了新的麻烦,这是在浪费分享的能力
d. 同样,我发现想查看多个竞争对手的网站非常困难
e. FarfelNet 不能提供帮助 Farfel 商户满足公司目标的工作环境

图 7-9　Farfel 协作准备评估

小贴士

有时候,了解需要评估哪些内容是一个挑战,一些很大的组织(例如大型公司或者政府机构)拥有海量的信息并且很多信息分别存储在本地"知识库"中。把这些信息整合在一起并评估现状时,要同时考虑到海量知识的分散性和大型组织采用更多协作技术时存在的巨大挑战,因此,范围就会成为一个问题。如果那里有很多内容都是不确定的,就要确保有充足的时间实施高效的协作评估,或者需要衍生出一个项目添加到数据治理中。

7.5　总结

评估工作可以帮助数据治理更好地理解现状和分析核心数据需求,从而形成和业务协同一致的架构。数据治理团队(包含业务支持者,这很重要)将会逐渐发现相关工作的重要性,如业务模型协同、数据治理和公司文化。

　　在进行评估的时候,可能需要根据自身的情况进行适当的裁剪,但是 IMM 中的一些关键评估和变革能力评估必须开展。由于时间或者其他方面的限制,采用比较简单的方式进行评估也是可以的,因为数据治理项目中的其他活动也会包含一些详细内容。如果把数据当作资产对待,在某些时间我们可能需要更加详细的评估。裁剪评估内容意味着选择什么时候开始做,而不是选择是否做。

第8章

愿　景

很少有什么事比一个好榜样的麻烦事更叫人不堪忍受。

——马克·吐温

8.1　概述

本章将为利益相关者和领导层展示数据治理是什么,尽管本章知识很重要,但是内容不是很多。本章包含使命的描述,愿景和使命会在接下来的章节中详细介绍。愿景是通过一张图展示组织在将来的某个时间点想要达到的状态,使命描述如何达到这个状态。本章的目标是认识和理解什么是数据治理、组织需要怎么开展数据治理的工作。愿景强化了一个事实:业务才是企业信息资产管理的驱动力。

如果忽视或者做不好本部分的工作,会导致数据管理停滞不前。

"愿景"可能是一个被滥用了的词语,这对于很多不抱幻想的领导层来说,意味着一无是处。然而,数据治理非常需要通过愿景描述"蓝图",在本书的前面我们提到组织变革管理的需求,变革管理中的一个关键点是在正在发生的变革中维护一个清晰的愿景。当数据治理工作启动之后,我们每天的工作将会是什么?哪些价值是可见的?哪些业务目标更容易实现?这些都是愿景阶段的目标。

本阶段的活动都比较简单而且不会占用太多的时间,但是避免指定一个固定的时间实现愿景,尽管这很美好,但是在这种做法是不现实的,并且,坦白说这可能导致中层领导认为这个要求是武断的,进而无法得到支持。

8.2　活动:定义组织的数据治理

通过本次活动,团队需要和相关的干系人一起整理清晰和简洁的数据治理定义,同时还需要定义使命、愿景以及相关的影响和关键点。另外,定义一些衡量数据治理实施效果的 KPI 指标会非常有好处,在数据治理的影响以及如何评价之间存在天然的内在联系,

KPI 指标常常可以帮助业务人员理解数据治理的含义。"电梯演讲"可能就是一个本阶段显而易见的成果,经验已经证明一个巧妙的电梯演讲可以极大地增强对远景目标的理解(是的,这就类似一些市场活动)。"定义数据治理"的过程概览和活动概览分别如图 8-1和图 8-2 所示。

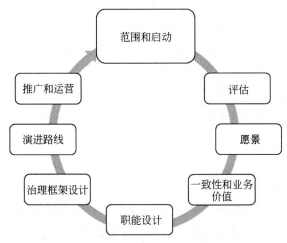

图 8-1　"定义数据治理"的过程概览

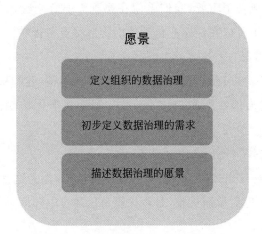

图 8-2　"定义数据治理"的活动概览

1. 活动总结

"定义数据治理"的活动如图 8-3 所示。

目标	整理组织数据治理的愿景和定义
目的	确保组织(或者相关工作)对数据治理有清晰的理解
输入	评估结果、数据治理定义的样例

图 8-3　"定义数据治理"的活动

任务	(1) 明确组织信息资产管理的定义（如果其他地方没有定义）； (2) 数据治理相关的度量指标列表； (3) 定义组织数据治理的使命和价值描述； (4) 整理数据治理的初始定义； (5) 整理数据治理相关的电梯演讲素材
技术	陈述数据治理使命和愿景陈述方面的支持
工具	Word、PowerPoint，或者类似的工具
输出	(1) 定义数据治理/信息资产管理的理念，简要分析相关的影响和关键点； (2) 数据治理的初始评价指标； (3) 数据治理的愿景和价值； (4) 数据治理正式的定义； (5) 数据治理电梯演讲素材

图 8-3 （续）

2. 业务收益及其他

在制订愿景之前，先整理好数据治理的定义会推动本阶段工作顺利开展。最后，本阶段工作成果之一的电梯演讲是需要整个数据治理团队和数据治理管理层熟记的。

业务部门将会把数据治理当作组织开展数据和信息管理工作的一部分——这不是结束，但是对取得最终的成功很重要，我们希望在愿景中能够把数据治理和快速、高效等含义关联在一起，并且组织可以在快速变化的环境中取得竞争优势。

3. 实施方法关键思考

一定要清楚你是在寻求理解，这从来都不是简单的事情（我们从很多教训中学习到这点）。无论你认为数据治理在概念上多么美好，但是几乎你接触的所有人都会有以下想法：

- 这工作已经做过了（他们会感到惊讶）。
- 数据治理不值得被当作财务或者合规等工作对待，因为这就是数据。

你的定义需要尽可能简单而优雅，是否优雅可以通过电梯演讲的准确性得到验证。

4. 输出样例

下面是一些数据治理概念定义的样例，这些都是我们曾经接触过的实际案例，并一直在使用。

- 数据治理是独立于数据（或者信息）管理的业务流程，包含人员、流程和技术，通过设计规则、监控、执行，特别是文化变革管理等工作影响整个业务。
- 数据治理是包含职责、决策流程和监控数据管理工作过程的框架（某财务公司）。
- 数据治理是站在公司的全局视角，关注业务方面主要的"痛点"（某财务服务公司）。
- 数据治理是对于人员、流程和技术等方面的组织提升公司对数据资产的利用能力，它会影响公司的各个业务条线、各个职能域和各个区域（某软件公司）。

- 数据治理是一个关于信息管理决策权力和职责的系统,基于大家一致同意的管理模式决定谁可以对什么数据行使什么权力,什么情况下可以使用什么方法(某咨询公司)。
- 注意,数据治理是对业务数据管理权力的运用(某化学公司)。
- 数据治理是 ACME 公司采用的一种机制定义组织结构、策略、原则和质量,从而保证公司可以获取准确、没有风险的数据或者信息。在管理数据的质量和成本过程中,数据治理将建立数据相关的标准、权力、职责保证数据价值在 ACME 公司得到最大的应用。数据治理将保证数据在 ACME 公司内部得到一致、完整和有序的应用(某能源公司)。
- 数据治理是关于策略、流程、组织结构、角色和职责等方面的定义和实施,可以描述和执行高效管理数据所需的参与机制、决策流程和权力规则(作者本人的定义)。

电梯演讲的例子是多种多样的。

- 数据治理会把数据当作资产管理,进而保证保持市场份额和实现成本管理的目标。
- 我们正在支持成本管理和市场份额增长相关的工作,在这个过程中我们将更加严格地管理数据资产。

最后,数据治理的使命和愿景同样是多种多样的,举例如下。

使命——零售业:

一个集成共享的企业数据环境将影响现在和未来的业务需求,并且能够促进数据价值的实现。

愿景——零售业:

一个在动态的市场环境中更加快速、高效的公司需要将成本效益相关的数据当作公司的资产进行管理。

使命——能源公司:

为数据管理提供相关资源、流程和必要的技术实现数据资产全生命周期的管理。

愿景——能源公司:

……将会采用严格和协同的模式管理信息,实现数据价值的最大化,支持公司更加高效的运营,降低法律、合规方面的风险,为公司客户和利益相关者提供更好的服务。

愿景——保险公司:

……将通过信息管理和治理使公司员工、客户和业务伙伴能够在任何时间、地点以任何形式方便地获取数据,并降低相关成本,提升信息资产相关投资的价值,保证数据的准确性、质量和一致性。

(不推荐保险公司的这个例子,因为这个定义是开始项目之前就有的,它更关注信息技术,但是这是实现和评价公司使命的一个底线,所以这也够了)。

　　幸运的是,这项活动有很多在其他公司实际投入应用的例子。在尝试定义数据治理的过程中一定要确保它包含一些对你的公司很重要的因素,如果严格执行是一项挑战,那么定义中须提到它,如果权力对于这项工作的成功很重要,那么定义中也须提到它。

　　理想情况下,可以利用公司中主数据项目或者企业信息管理领域中愿景和使命相关的定义,如果没有,可以在定义的过程中提供相关的帮助。记住愿景和使命描述中的基础原理:

- 愿景描述应该提供一个公司在将来的某个时间点希望达成的蓝图,同样,它应该清楚地描述哪些是需要取得的成就,因而它可以提供将来评测相关目的和目标的基础。例如,"我们将是最好的"这一愿景的定义就不够清楚。
- 使命需要准确地描述组织在实现它的愿景、目的和目标过程中需要做什么。使命描述中的任何一个用词都应该有特定的目的。

　　电梯演讲同样需要达到类似的效果,你也需要明确数据治理能够为公司带来哪些帮助,如"确保价值、提高收入"等。

　　任何时候都不要使用"更好的数据""提升决策"或者类似的用词,这些用词不够准确,并且与大部分管理层不相关。

8.3　活动:初步定义数据治理需求

　　这项活动和定义、度量和电梯演讲等密切相关,定义及其相关事项使你首先关注到应该治理什么。这项活动从业务需求开始,进而需要了解问题、需求和当前的工作等相关因素,这样才可以对需要治理什么有一个整体的了解。团队也需要考虑特殊的业务事件、应用维护需求和监管、合规等方面的要求等。

　　如果主数据、BI或者数据质量等工作已经启动了数据治理的事情,就可能已经有了这些工作成果。记住,数据治理是BI、主数据和数据质量等工作的保证,所有这些工作都息息相关,这些工作的驱动力同样也是数据治理的驱动力。有趣的是,直到我们帮助客户将数据治理的工作与其他工作(如主数据、数据质量等)协同开展时,他们才真正对主数据工作的业务驱动力进行分类和检查。他们知道这些驱动力有一些相关性,但是从来没有进行分析。有时候你可能在没有仔细思考业务驱动力的背景下就悄悄启动了主数据的项目(尽管你可能有非常好的支持者,要解决的业务问题也很明确),然而,数据治理工作需要认真思考相关的业务驱动力,并且要像下面这样记录:

- 缺少数据治理的工作将对项目有何影响？
- 缺少数据治理的工作将如何影响合规、市场占有率下降或者潜在的法律风险等方面的风险。
- 数据治理流程、信息管理流程和项目的流程在哪里有交集？
- 关键应用系统[①]中长期存在的数据修复工作的影响和具体的工作细节。

如果正在主数据或者类似的项目中启动数据治理的工作，但是找不到任何业务驱动力，这时需要审视业务协作关系的分析，主数据项目一般都会面临很多麻烦，但是又常常意识不到。

1. 活动总结

"初步定义数据治理需求"的活动如图 8-4 所示。

目标	制订数据治理的初始需求，展示数据治理如何支持业务需求
目的	这项活动是数据治理团队的主要工作，帮助识别利益相关者和相关管理者，并为制订推动数据治理工作持续开展的度量以及其他相关工作提供支持
输入	(1) 业务驱动力、目的和目标； (2) 影响数据治理的数据交付物； (3) 关键的应用系统问题； (4) 组织风险相关的信息
任务	(1) 收集并分析数据治理需要支持的组织目标、战略； (2) 收集已经存在的交付物：数据、流程模型或者数据质量调研； (3) 分析积压的各类工作：报表开发需求、网站更新、外部数据需求、数据问题和奇怪的数据治理需求； (4) 识别数据质量提升的关键目标或者外部监管的数据范围； (5) 分析重要的业务事件、影响风险的相关活动，如安全、合规产品、费率文件等
技术	无
工具	Word、PowerPoint 或者类似的工具；相关的管理工具；战略规划或者企业架构工具
输出	(1) 影响数据治理的业务目标； (2) 影响数据治理的数据交付物； (3) 数据治理相关的直接或者间接的请求； (4) 通过数据治理提升数据质量的机会； (5) 通过数据治理降低风险的可能性

图 8-4　"初步定义数据治理需求"的活动

---

① 经过几十年的类似工作之后，令人惊讶的是在我们收集的所有需求和问题中，所有组织至少可以适用下列两个数据治理驱动力中的一个：第一个是老的操作型应用数据库的持续修复需求，这类应用已经很古老了，以致没人能修改相关的代码，所以要尝试修复数据，但是这类需求的优先级一直没有得到重视；第二个是很多组织都会有各自的"遗留数据沼泽"——很原始的数据库，可能是计划废弃的数据仓库（第二代数据仓库）。公司可能有一个具有神秘魔力的人指导和支持这类数据库，当管理者意识到这个人某天会退休时，他都有可能从梦里惊醒。我们的理论认为所有支持遗留数据的人都是类似的，都来自一个古老的中世纪协会。

2. 业务收益及其他

前面已经说了有些数据治理的阻力是必然存在的,这个步骤需要强化需要数据治理的原因。综合利用电梯演讲的效应,还需要编制和传递成功组织变革所需要的信息。

3. 实施方法关键思考

和前面提到的其他信息一样,需要花时间分析业务需求,不要把这些内容放到文档里,然后说"这就是"。记住,数据治理就是确保信息资产管理工作顺利开展,所以需要分析信息管理能够影响的业务需求。至少也应该把主要的业务需求分解到主题域或者相应的数据,然后识别出应该制订哪些策略和标准。

4. 输出样例

初始数据治理需求样例如图 8-5 所示。

业务战略	驱动力/手段(Lever)/目标	信息资产	信息管理交付物治理	数据治理管控点
增加价值	每年增加 2% 的客户商店访问率	客户,客户分析,商店活动,商店分析	客户数据模型	客户主数据项目
			工作流和一致性相关的标准	数据集成和质量提升
		商店活动的业务收益:BI、报表和分析	战略地图相关的数据支撑和业务收益	确保能够与报表、BI 和分析相关的业务愿景保持一致
			核心指标和 KPI 的目录	BI、报表的需求和开发
			信息交付架构	BI 用户

图 8-5　初始数据治理需求样例

小贴士

遗憾的是,当我们试图把信息管理或者数据治理需求和业务需求进行协同时,又常常缺少透明性。如果公司处于这样的情况:IT 部门仅被动地响应相关需求,相关应用中的信息一团乱麻,IT 的价值非常不明显等,就需要寻找外部资源。很多行业有贸易杂志,很多公司必须公开披露交易意图,使用这些数据修订业务计划。

8.4　活动:定义数据治理蓝图

数据治理需求能够帮助团队了解数据治理在哪些环节如何支持业务活动。本项活动可以让团队知道每天都在运行的数据治理工作将来会是什么,重点要简单、直接。

1. 活动总结

"定义数据治理蓝图"的活动如图 8-6 所示。

目标	制订数据治理蓝图
目的	开发能够更好地传递数据治理价值和目标的交付物
输入	数据治理需求、使命和愿景、电梯演讲
任务	(1) 数据治理蓝图的简要描述(一页纸); (2) 识别数据治理理论上的控制点; (3) 制订每日工作清单
技术	无
工具	Word、PowerPoint 和类似的工具
输出	(1) 数据治理愿景; (2) 数据治理业务价值的修订; (3) 数据治理每日工作清单

图 8-6 "定义数据治理蓝图"的活动

2. 业务收益及其他

除了公司可以清楚了解数据治理能够带来的显著收益这种情况之外,还可以在数据治理能够带来直接收益的特定领域率先开展工作。

3. 实施方法关键思考

如果在做数据治理过程中只有一些有限的资源或者一个大公司并没有清晰的范围,那么就需要在宣贯的文字、图片或者动画媒体等方面寻求一些帮助。

4. 输出样例

图 8-7 是一个来自客户的真实案例,展示了数据治理如何为公司提供支持。一个大型公司在开展全球范围内数据治理过程中,数据治理蓝图非常重要,需要体现以下内容:

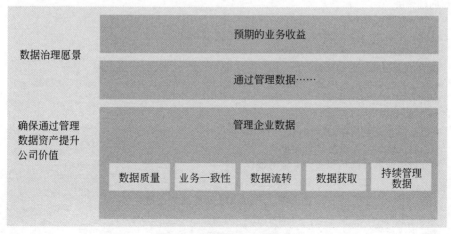

图 8-7 数据治理愿景示例

（1）高层指明如何应用数据实现变革。

（2）数据治理需要在公司战略的各个方面施加影响。

图 8-8 展示了一些不同的例子。一个以出色服务和执行力著称的小型财务服务公司需要真正了解每天的工作，虽然有很多图表分析，但是没人使用，而这次简单解决了问题：一个简单的会议日程讨论了每天如何开展工作（注意：他们把数据治理当作信息治理）。

小贴士

经常对数据治理的愿景和成果进行检查和沟通有助于获得支持并减少意外，你真的需要一个评审会议争取每个人都点头，并说："是的，这就是我们讨论的"。

使用简洁的信息同样重要，因为你将会多次使用这些信息，这不应该成为你感受挫败的原因。因为人们想了解价值，你才会被要求不断重复这些信息和展示数据治理愿景，这样你就有了一个持续的动力。如果不断被咨询这些信息是因为没人了解它，那么你就需要不断重复这项活动。

UBETCHA 财务服务公司 企业信息治理		2010 年 11 月 21 号，星期四 2:30-4:00 主会议室	
会议主题	信息治理委员会季度会议	会议类型	进度更新、问题解决
被邀请者	高层数据战略委员会、信息治理委员会		
日程			

- 信息治理价值更新
  - 信息治理和信息管理积分卡评审
    - 数据治理度量
    - 信息项目的业务收益
- 问题解决
  - 市场部购买外部 BI 云应用
  - SAP 项目——位置、供应商编码和总账系统不一致
  - 市场部不参加数据管理员培训
- 信息治理合规方面的内容
  - 信息治理中数据管理员培训过程的评审
  - BI 和报表治理的评审
- 跨业务协同
  - 提议的企业数据控制活动报告
  - 信息准确性方面策略修订的报告
  - 合规方面修订隐私和安全策略的报告

图 8-8　UBETCHA 财务服务公司

8.5　总结

设计数据治理体系的关键是让人更容易理解和接受,过去的经验已经表明不是所有人都能够了解。如果将信息资产治理模式的新鲜感和业务管理者(忽视或者抵制信息相关项目的人)的犹豫不决结合在一起,很快就会发现本阶段的工作非常重要。

第9章

一致性和业务价值

效率是指按照正确的方式做事情,有效性是指做对的事情。

——彼得·德鲁克

9.1 概述

不能管理自己不能测量的,本章将让你具备度量数据治理是否成功的能力。当阅读本章时,有一件事情是确定的:

- 如果你的业务案例能够和业务需求一致性,那么本阶段工作将非常简单。如果你没有信息资产管理相关的业务价值描述、ROI、业务案例或者其他类似的交付物,那么本阶段将会持续更长的时间,并且你必须做这些工作。

这些步骤几乎和制订公司其他信息管理工作业务案例中的步骤保持一致,这部分内容在《业务驱动的企业信息管理》中有详细描述。

本章重点讨论数据治理的细节,例如,一个数据仓库改造工作的业务一致性分析中,首先需要关注通过更容易获取数据或者提供更强大的分析获取相关的业务收益。在数据治理的背景下,我们希望确保企业的业务收益能够得到保证(例如,做正确的事情,确保新的数据仓库能够得到良好应用)。这可能看起来不够直接,但是当别人问你数据治理的价值时,这是非常重要的,数据治理业务价值的体现和六西格玛、合规管理等工作一致,都是基础支撑工作。

然而,人之所以为人,就是因为拒绝改变,除非你能够举起一张纸说:"如果你不做这个,那么你将多花费多少钱"。

一致性就是要把数据资产管理的工作和业务战略结合在一起,并根据预期收益衡量这些数据或者知识管理工作的价值。

因此,数据治理工作团队需要确保信息资产管理、业务战略和数据治理之间的关系是明确的,这是数据治理工作能够持续开展的基础。

9.2 活动：利用当前企业信息管理已有的业务案例

开展这项工作时，应该识别出数据治理支持的业务需求和业务案例，需要做的工作是把数据治理的活动和业务目标结合在一起。如果没有任何业务案例或者你的组织反对制订业务案例，就忽略这一步，直接到下一个阶段。过程概览图如图 9-1 所示。

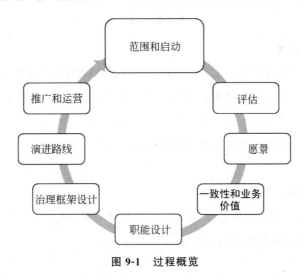

图 9-1 过程概览

数据治理团队需要坐下来仔细分析之前在制订业务案例和业务一致性方面的工作，彻底了解为什么业务定义是成功的关键要素。

团队可以继续分析识别出的业务收益主要体现在哪里，并且分析数据治理在哪些点上可以施加影响体现数据的价值。彻底了解业务需求、度量和组织的目标之后，就可以开展本阶段最后一步的工作了：识别数据治理的业务价值。

1. 活动总结

"利用当前企业信息管理已有的业务案例"的活动如图 9-2 所示。

目标	以业务需求为目标定义数据治理的价值
目的	使数据治理团队熟悉业务需求并且深化数据治理在业务中的地位
输入	组织目标、目的、业务案例和 ROI 文档
任务	(1) 检查业务文档和之前工作中的发现； (2) 确认组织的愿景、目的、目标和数据治理的相关性； (3) 确认目的和目标的度量指标； (4) 明确支撑业务目标需要的数据治理角色； (5) 确保每个目的和目标都是可以测量的

图 9-2 "利用当前企业信息管理已有的业务案例"的活动

技术	将目的和目标分解为可测量的指标
工具	Excel、Word
输出	（1）业务目标和目的、之前工作中的发现； （2）明确数据治理能够支持的业务目标； （3）业务目标的度量点； （4）支持业务目标中的数据治理角色； （5）确认的指标定义

图 9-2 （续）

2. 业务收益及其他

分析数据治理的业务收益是有价值的，如果数据治理团队不能和业务需求保持一致，那么现在就是时候分析数据治理的价值所在了。在数据治理实践中，我们非常惊讶一些大型公司或者知名公司中很多人不知道公司将来的发展方向[①]。

除了分析数据治理的财务价值外，很多公司还会将数据治理当作一项业务工作，而不是一项恼人的 IT 工作。

3. 实施方法关键思考

没有轻而易举的工作，这项活动需要团队深入讨论和分析，为了使数据治理更好地支持基础信息，需要对业务工作进行介绍和总结。

4. 输出样例

图 9-3 展示了信息管理需求和任务的初始清单，当然也是数据治理的需求。Farfel 案例在这里被当作一个例子，我们会进一步把一些样例和这个案例结合在一起分析，图 9-3 中的列代表进行业务一致性中的层次关系。

- 驱动力是行业或者市场方面的发展趋势，常用指令相关的语言表达，这些基本可以解释为业务目的。
- 目标是对驱动力的重新提炼，将总体发展趋势进一步描述为在一个时间段内希望实现的一系列成就。
- 落实的目标是实现目标和驱动力的特定的可测量标准。
- 可测量的信息是业务方面可测量的信息，一般体现为度量或者度量的分类。

---

① 虽然这样做不妥，但是我们常常希望把管理人员单独放在一起并告诉他们。告诉员工公司的业务目标是一件好事，他们会有一种"需要知道"或"精英"的心态，并常假设邮件室的人无法理解公司的目标。当然，我们也理解需要保持战略的私密性，和员工分享公司发展蓝图对创建高效文化具有重大的影响（然而，每个人也会在互联网上读到战略）。

Farfel 商场目标总结			
驱动力	目的	落实的目标	可测量的信息
提高市场占有率	恢复在细分市场中的领导地位	重新占有 25% 的市场份额	市场份额
	在所有的商场和细分领域提升高价值货物的销售	在未来三年中每年提升同一商场的销售额 15%	每个商场中预测销售额和当前销售额的对比
提升客户交互频率	提升客户体验	每年提升客户光顾次数 3%~4%	商场光顾次数,购物篮分析的回报
		提升服务环境,体现差异化	调研意见
	提升网站效率	在没有调拨商场库存的情况下提升网站销售额的 15%	网站销售额
		线上、线下协同销售	每季度新产品交叉销售的频率
	以家庭生活的角度提升回访率	收集用户反馈,并提升市场活动的针对性	客流
产品创新	通过渠道提供更好的产品和服务选择	在新产品上击败竞争对手	重要产品的平均推出时间
	维护准确的销售流程	提升采购和库存之间的沟通	避免产品丢失或者缺少库存的情况
	提升研发能力更好地识别新的机会	提供不同目标客户群体购买方式的分析	人口统计、心理分析
提升运营效率	提升商品库存资产的管理	降低相关产品的存货周期	存货周期
	识别可以优化的业务流程提升利润	通过更高效的协作优化流程	销售及一般管理费用、周转次数、各部门反馈
	提升商场绩效	监控总销售额下降超过 3% 的商场并提供帮助	单店销售额、基于区域和人口的销售额预测
		排名后 5% 的商场关闭或者重新选址	单店销售额、基于区域和人口的销售额预测
	降低销售及一般管理费用	提升 IT 使用效率到竞争对手或者行业标准水平	数据使用、IT 和业务领域的总成本

图 9-3　信息管理需求样例

小贴士

　　少数情况下,启动数据治理的项目需要具有良好的业务理由和业务一致性,但是团队对这一信息并不了解(参见前面的脚注)。

　　这不是个例,它意味着需要在团队中增加业务人员:能够沟通业务需求的人。另外,如果业务目的是秘密等级很高的信息,不要犹豫,让团队成员都签署内部保密协议。如果这项活动开展不下去,就启动下一项活动收集业务需求。

9.3 活动:协同业务需求和数据治理

如果当前没有其他形式的业务一致性,就需要启动本项工作。所以不要困惑,你只需要做本项工作或者前一项工作,这由你当前的环境决定,如果当前没有信息管理相关工作的业务案例,你就需要做本项工作。常见的场景如下:

- CIO 启动 MDM 项目并仅把它当作一项技术工作。
- 在没有业务需求的情况下通过 ERP 软件进行数据集成。

记住,数据治理需要支持业务,这是一项业务工作。如果不能用业务的语言描述它的成果,那么很简单、残酷的现实就是你不可能取得成功。

之所以在这里开展这项工作,就是因为常常出现这种情况,CIO 被要求,或者告诉自己的下属:"把一些数据治理工作开展起来"。当这种情况出现时,这些项目基本就做到即将喷发的火山口上了,数据治理工作的成果仅被应用于 MDM 或者 ERP 项目,在这一背景下基本没有业务输入,即使数据治理团队启动并推动相关工作的开展,数据治理的成果也很难获得认可。

本项工作需要收集、分析业务目的、目标和驱动力,并且制订本来应该有的业务案例。接着,他们要描述组织正在如何提升自己,并用业务的语言展示。很多的方法论和分析方法都有目的、目标这样层次性的描述,例如,在本文中层次结构描述如下:

- 驱动力是行业或者市场方面的发展趋势,常用指令相关的语言表达,这些基本可以解释为业务目的。
- 目标是对驱动力的重新提炼,将总体发展趋势进一步描述为在一个时间段内希望实现的一系列成就。
- 落实的目标是实现目标和驱动力的特定的可测量标准。
- 可测量的信息是业务方面可测量的信息,一般体现为度量或者度量的分类。

例如,驱动力是客户亲密度,目的就是提升客户留存度,目标就是当年提升客户留存度至 97%。

如果团队正在做一个完整的企业信息战略,那么这个活动就没有那么详细,仅展示数据治理如何能够在业务环境中持续运营即可。

因为本小节本质上是《业务驱动的企业信息管理》一书中业务协同流程的精简版,我们对一些文字进行了精简,为了保持一致性,我们会继续按照 Farfel 商场的案例展开介绍。

最后,需要介绍一下业务信息需求(Business Information Requirement,BIR),这是支持企业正常开展所需要的数据、信息或者其他内容的常用标签,大多数时候,BIR 是通过度量或者业务事件验证的,然而,它们也可能是文档、法规要求或者行业标准数据,记住这些,因为我们会经常用到它。

1. 活动总结

活动总结(一致性业务需求和数据治理)如图 9-4 所示。

2. 业务收益及其他

在业务方面,本项活动主要分析企业怎么使用信息和相关内容实现目标,数据治理(和所有的企业信息资产管理)可以和这些目标进行结合,保证信息资产在满足业务需求的过程中得到管理和应用。

3. 实施方法关键思考

如果业务规划比较容易获得,那么本项活动仅需要一天时间,否则可能需要一到两周,这取决于数据治理覆盖的组织范围。本项活动中的大部分工作都会是文档解读和分析。此外,如果还需要进行访谈或进行关键发现评审,那么需要额外安排与管理人员讨论的时间。

当没有权限获取业务规划的时候,需要采取"游击战"的方式了解业务方向,数据治理团队应该分析公司所处的行业环境、各类媒体信息、交易公告和监管备案文件等,这些都是分析业务方向的绝佳资料,可用于支持信息资产管理和数据治理的工作。

"业务驱动力"也可能是一个比较模糊的概念,大部分公司都有目的、目标和战略。企业和组织的战略有很多层次,大多数的驱动力都是影响因素之类的内容,因此,如果注意用词,可以从公司文件中找到大量的关于计划、目的、目标或者驱动力之类的信息,之所以这样说,有以下几个基本原因:

- 共享数据的能力不是 CEO 的主要关注点,他们更关注降低成本和提高收入,如果数据共享有助于此,那么可能偶尔会有兴趣,否则别打扰他们。
- 很多高层管理人员都会认为访谈枯燥乏味,然而,很少有数据治理或者信息资产管理团队能够了解业务或者了解管理层的想法,因此需要采用其他方式。

业务活动(或者 BIR)是客观的,通过各种详细的访谈,总能够得到类似的信息。你收集的目的和目标将被分解成各个组件,这些组件的本质是需要数据治理的原因。如果正在采用"游击战"的模式工作,很快就会发现你正在收集真正的业务驱动力,而不是那些无法分解的,例如,你开始四处打听并整理了类似下面内容的业务驱动力,那么显然你走错了方向:

- 无法跨组织共享的信息。
- 多个不一致的数据源。

- 缺乏生产各方认可的财务报表的能力。

目标	分析组织的目的和目标,明确数据治理支撑的目标
目的	为数据治理团队提供足够的业务信息,从而帮助分析数据治理对财务的影响
输入	业务规划、外部调研、内部项目 ROI、预算、目标管理相关文档等
任务	(1) 收集和分析业务目的和目标; (2) 整理面临的业务挑战、问题和潜在机会等相关内容的列表; (3) 把挑战、机会和业务方向相关联; (4) 确保每个目的和目标都是可度量的; (5) 分析业务目的和战略相关的数据需求; a) 收集度量、指标和其他的业务数据需求; b) 收集业界评价指标(如果此前未开展); c) 把 BIR 和相关度量与数据治理机会相关联,验证两者的相关性; d) 可选的:把相关措施与数据质量很重要的源系统进行关联 (6) 把 BIR 和数据问题相关联; (7) 如果需要,则整理数据使用/价值的表格(这样可以展示特定业务活动需要哪些数据才可以达到业务目标,所以这也是收集应用场景); (8) 判断不同业务背景下的数据治理价值; (9) 安排和业务领导、业务专家讨论的时间; (10) 根据讨论分析相关业务价值,或者对之前的结果进行修订; (11) 确认将来数据治理和业务目的、目标之间的结合点; (12) 确认目标和目的的度量; (13) 明确达成业务目的所需的数据治理角色
技术	业务一致性、战略地图、应用案例
工具	企业架构工具、Excel、规划工具
输出	(1) 业务目的和目标; (2) 业务目的和机会、挑战、问题之间的关联; (3) 业务机会; (4) 确认的目标和相关的业务度量; (5) 企业数据需求; (6) 整合的 BIR 和度量的列表; (7) 标准或者行业的度量列表; (8) BIR、度量和数据模型之间的关联; (9) BIR、度量和数据质量之间的关联; (10) 企业数据治理管控点; (11) 应用价值/信息价值清单或者信息应用场景; (12) 企业价值背景; (13) 业务价值分析会议安排; (14) 业务价值分析结果; (15) 数据治理相关的业务目的; (16) 相关业务目的的度量; (17) 达成业务目的所需的数据治理角色

图 9-4 活动总结(一致性业务需求和数据治理)

当开始真正接触企业信息管理类似项目需求,并且没有明确的业务协同点的时候,

"更方便地获取数据"这一驱动力中哪些是需要治理的内容？

本项活动也需要团队检查业务目的、BIR、业务活动等内容有哪些交集。

一旦目的和目标被识别，思考企业希望 IAM（信息资产管理）是什么就非常重要，IAM 如何支持当前的业务？这意味着我们需要了解哪些活动是业务会采用的，同时也意味着需要维护一个活动列表展示业务如何应用数据实现目的，如果需要，也可以采用业务用例开展这项工作。我们采用速查表的方式列举围绕数据和相关内容发生的活动（参见图 9-5）。

应用价值分类	通过数据、信息和相关内容以下列方式提升或者实现目标：
流程	提升周转时间、降低成本和提升质量
竞争优势	分析竞争形势，打造差异化优势
产品	打造具有独特的产品包装和市场定位的、高利润的产品
固定资产/知识资产	延续市场竞争优势，把经验和知识与公司的产品和服务相结合
使能	加速员工成长和授权
风险	管理各种风险，特别是可能增加负债的风险

图 9-5　数据、信息和内容的应用价值分类

一个简单的方式是从其中选择一个重点目标，你的任务是分析有哪些数据应用场景能够支持这一目标的实现。

4. 输出样例

参见图 9-3，这里展示了本项活动的总结性结果形式，你也需要交付类似的成果。

图 9-6 是战略地图方式的另外一个例子，这是一种现在比较常见的、基于诺兰[①]方法论（这是和图 9-3 类似的文档，区别就是这是一种在 PPT 上平铺的方式，这是一个保险公司的案例）的展示方式。图 9-7 展示了 Farfel 商场中常见数据应用场景的例子。

小贴士

如果只有很少的或者层级比较低的人员支持，那么你关于业务需求和业务方面总结的可信性可能被质疑，保留你所有的研究资料，确保有充足的证据证明，当展示你的业务发现时，会发现这非常有用，并希望这些发现能够得到管理层的重视。数据治理团队需要获得管理层的重视，因为如果没有管理层的参与，一些进行中的、重要的战略工作可能遇到问题。当然，最好的 CSF（关键成功要素）就是尽可能获得领导层的支持和参与。

---

① 诺兰，战略地图

Ubetcha 保险公司战略地图					
战略愿景	增加股东收益				
	成长		产品利润		合理的价格
	通过新的销售战略促进增长	促进交叉销售		满足或者超出投保人已有需求和预期	给渠道合理的价格返还保证增长
信息层面	提升渠道的销售能力	提升家庭用户渗透率	一个月内完成新产品功能设计	设计新产品特征	评估理赔流程	增强承保、价格和理赔能力
	提升代理商的产出	识别新的方向	一个月内完成新产品功能设计		提升理赔效率	控制管理费用
业务目标	确定两个测试市场	100%的捕获家庭用户和商业用户之间交叉销售的机会	降低产品部署时间到一个月内	加强全能型产品推广	降低理赔费用	保持当前2%费用率的水平
	提升代理商的收入到15亿元	提升PIF产出30%~40%		提供新的产品满足市场需求		保持当前2%费用率的水平
质量、指标和业务需求	市场规模，活动	产品销售额	产品数据更新时间	新产品销售额	定价有效性	理赔受理时间
	有效保单数	市场丢失趋势		赔付率		理赔处理时间

图 9-6　战略地图样例

我们曾在一个业务目的对我们不可见的公司做过一次实验，我们的团队做了一些 IAM 和数据治理相关业务需求方面的分析并收集了相关数据，然后开发了战略地图并展示给数据治理委员会，这立刻引起轰动，我们立刻被追问是在哪里获得的这些信息，是谁泄露了这些信息等。从这个案例中得到的教训是，首先需要和团队成员和支持我们的管理人员对相关发现进行检查，然后制订本阶段的最终交付物，也就是数据治理财务影响方面的想法。你也可能永远不会向任何人展示自己的杰出工作成果。

另一方面，当面对管理层询问时，团队透露了"最高机密"的来源是《华尔街日报》和该公司年度报告中 CEO 的信。

本项活动可能与相关人员进行几次午餐会，但是一次简单的讨论也可能让数据治理团队得到 10～15 项输入项。如果你收集的输入项中有降低风险或者提升财务效益相关的资料，那么证明你已经收集到了足够的信息，这些输入项同样会是产品和服务优化、效率提升、客户体验提升等方面的关键因素。

当推导数据支撑关系、检查数据如何支持业务运作的时候，我们会举办一个研讨会，相关业务人员会评审每个目的和目标，并逐个分析六大应用场景类别。通常情况下，我们会要求他们完成以下句子："ACME 公司会使用数据/内容进而完成（插入相关目的）"。这个句子的答案就是数据治理能够支持业务价值的可能的机会，例如，一个完整的句子可能是这样的："ACME 公司使用数据/内容给会员发送健康生活方式相关信息，进而提高会员的留存度，降低会员健康相关的费用支出"。

业务目标 ＼ 应用场景中的数据使用情况	流程		产品		使能		资产		工具
	1.能提升Farfel客户粘性的接触信息	2.及时提供产品,减少客户等待时间	3.利用品牌形象和产品组合创造更多的销售机会	4.围绕核心产品促进周边产品的销售	5.通过客户和市场分析模型支持员工	6.使用客户相关知识提高客户的留存率和忠诚度	7.利用客户接触过程中的产品信息提升服务质量	8.利用客户的历史购买记录分析客户的价值	9.提升高价值产品的市场份额
每年提升用户体验10%	√	√	√	√					
在客户分析和客户接触环节开发程序获取用户数据,提供随时随地的查询数据的方式	√	√			√	√	√	√	
确保产品组合与更新的计划能够满足选定客户群体的需求		√	√	√		√			
提升产品体验的转化率、家庭客户的渗透率	√		√	√		√			√
通过渠道提供更好的产品服务选择			√	√					√
提升供应链管理过程		√			√	√			
设计和交付相关工具,支持运营数据的获取		√	√	√	√				
简化端到端的数据获取和集成过程,提供Web平台简化信息获取		√			√				
识别能够促进非标准格式(如Access数据库)的业务关键数据的存储和维护的流程		√			√				

图 9-7 价值应用的样例

同样,本项工作的目的是描述数据治理的价值,因此理想的场景是兴奋的、权威的业务领导都聚集在一个房间,这可能是一个团队练习,仅是为了确保数据治理能够测量自己并且是可持续的。

9.4 活动:识别数据治理的业务价值

本项活动中,数据治理团队识别能够评判数据治理是否成功的财务因素和业务度量,同样也会展示因为缺乏数据治理或者继续使用管理不善的信息而付出的代价。无论数据治理团队在前面提到的两项活动中是否得到业务和数据治理之间的交叉点,本项工作都需要分析和整合这些内容。

例如,以 Ubetcha 保险公司为例——目标是提升我们的代理商——我们可以问:"如果达到这个目标,会在财务上体现哪些预期收益?"因为我们已经有了一个计划:如何应用数据支撑这个目的,可以把全部或者部分收益都归集为 IAM 或者数据治理,这取决于业务活动和良好数据之间的依赖程度。如果代理商在新的保费中增长了 1000 万元,根据支撑关系的分析可以了解到良好的数据和内容可以促进或者帮助 50% 的业务活动取得良好的效果,那么我们就可以在形式上写下 500 万元。Farfel 的例子表明数据治理可以通过客户忠诚度和产品创新提升公司效益。财务分析师在股票价格和保持收益方面会说什么呢?当然,这为时尚早,本阶段的目标也不是精准地预测业务收益,这里主要讲述缺少数据治理会造成哪些损失。

1. 活动总结

活动总结(识别数据治理的业务价值)如图 9-8 所示。

2. 业务收益及其他

在这个环节中,数据治理的支持者和管理层都开始把数据治理当作一项业务职能,无论如何,数据治理价值汇报相关的基本工作都需要正式启动。

3. 实施方法关键思考

如果正式的企业信息管理工作或者大型的、具有广泛支持的主数据工作正在进行中,本项活动就是重新对已有的假设和需求进行总结分析,否则,本项活动和本章中的第二项工作可能占用几周时间。

4. 输出样例

图 9-9 展示了 Farfel 公司相关业务活动的收益分析样例,在一个真实的客户案例中,我们从客户提升的现金流中提取 5% 作为项目收益,这些内容体现在客户预估的资产负债表中。

目标	评估数据治理的财务价值
目的	明确评价数据治理成功的基线,设置数据治理的目标
输入	业务目的、目标、工具和初始的 BIR
任务	(1) 把数据问题和业务需求相关联; (2) 识别与业务目的相关的潜在资金流; (3) 分析数据与内容相关的可能举措和机会: a) 识别举措和其他流程中所需数据或内容的管控点; b) 把能够创造价值或者实现目标的流程从原有的活动中识别出来 (4) 通过当前使用的收益分析模型对各种财务利益和成本进行分析; (5) 描述业务目标中数据体现的价值; (6) 在数据治理团队或者委员会中发布结果报告; (7) 使数据治理的价值收益和业务数据需求协同一致(体现业务目标、数据和数据治理活动之间的关系)
技术	战略地图、业务案例
工具	Excel、战略规划工具
输出	• 列出业务需求相关的、已知的数据问题; • 上述业务需求中的业务资金流; • 新的流程中可能的价值点; • 业务流程中和实现目标相关的、需要数据支撑的具体活动信息; • 数据治理的财务收益模型; • 数据治理价值描述; • 数据治理价值介绍; • 数据治理的业务价值

图 9-8 活动(识别数据治理的业务价值)

小贴士

这时,另外一个需要注意的事情是,反对者们在工作过程中会利用各种机会发表反对意见,我们需要确保留存之前提到的审计线索。在反对者和支持者周旋的过程中,你可以更准确地掌握数据治理的价值。

9.5 总结

即使感觉本项活动更多体现在形式上或者人为的数字上,也不要绝望。毕竟,业务收益普遍都是以信息化项目为始,最终还需要落实在业务上。即使采用"游击战"的方式开展工作,你依然需要一些量化的方式监控数据治理,主要的收益是认真考虑数据治理如何支撑业务,不是数据质量或者其他工作,主要是业务。

相关目的	数据产品 --提升投产时间		流程中使用的数据 --提升流转时间、降低成本		数据治理管控点	潜在收益
	业务活动	目标/结果	业务活动	目标/结果		
提升客户体验	分析商场中用户的注意力（或者避免骚扰）判断商场产品的合理摆放方式	· 提升客户购物的满意度 · 提升用户回头率 · 提升客户满意度 · 提升销售额	· 探索自助服务模式 · 开放线上下单，线下提货能力	· 提升客户购物的满意度 · 提升用户回头率 · 提升客户满意度 · 提升销售额 · 提升特定用户群体的商场和Web的访问量	· 客户订单数据质量的定义 · 统一的度量标准 · BI和分析的治理	$6 306
			· 在收银处的控制点根据客户画像等级分析来提供相应折扣 · 联名信用卡 · 保证在线信息的可靠存储，避免再次录入	· 增加产品促销 · 提升高利润产品的销售	· 客户信息安全性的定义 · 客户隐私	
为目标细分用户提供高价值的产品和服务	根据线上用户行为分析来调整线下库存和产品	· 在新产品方面击败竞争对手 · 降低运输费用 · 提升客户满意度 · 提升特定领域的销售额	n/a	n/a	· 产品网站中数据安全的定义	$2 523
	基于产品类型/顾客倾向的目标特定客户分析	· 混合摆放常用产品和高价值产品 · 允许区域和局部的变化	基于客户分析和购买倾向提供产品并提前通过邮件进行通知	提升客户满意度	· 客户信息安全性的定义 · 客户隐私 · BI和分析的治理	
提升研发能力，把握新的市场机会	精细化各商店和web站点中的产品供应能力	· 精准分析不同年龄段人群的购买习惯	在竞争对手之前订购畅销产品，提前占领市场	在细分市场提升销售额	· 以Web站点为主进行管理 · BI和分析的治理	$1 261
以家庭用户需求为导向提升客户的回访率	分析用户反馈信息，提升市场能力	· 通过电子邮件或者家庭邮寄的方式降低邮寄费用	在收银处和web站点上针对家庭用户进行打折促销	· 提升老顾客的购买 · 提升产品的知名度 · 提升回访率	· 定义客户存储的安全需求 · 客户隐私 · BI和分析的治理	$6 306
提升商品库存资产的管理能力	为供应商提供更好的数据，提升商场库存周转效率	· 降低售后和系统运营成本 · 提升员工满意度（无论那个部门，都不需要费尽周折去查询所需的产品数据） · 广泛的产品选择，增加商场流量，提升销售机会	通过实时库存的方式降低相关产品的供应周期	· 缩短商品周转时间 · 改善现金流和资产负债表	· 定义数据控制点 · BI和分析的治理 · 供应商的数据质量	$1 081
	改善现金流和资产管理以提高流动比率	· 提升流动比率、库存调整能力和供货周期	n/a	n/a		

图 9-9 业务案例样例

第 10 章

职 能 设 计

原则是我们活动的源泉,活动是我们幸福或者悲伤的源泉,因此,我们在制订原则的过程中不能太谨慎。

——雷德·斯克尔顿

10.1　概述

本章会覆盖设计数据治理职能的整个过程,从"是什么"开始,到几个"怎么做"。第11章则主要关注"谁"这一概念,只要数据治理的工作在持续运转,本章中的一些非常重要的交付物就会被数据治理保留和应用。数据治理实施团队会提供在 V(数据治理的 V)两侧发生的流程列表。

对 V 的关注非常重要,你的团队需要定义(或者重新定义)信息管理的职能,进而再定义数据治理职能。如前所述,大多数组织已经开始一些信息管理的工作,也包括一些治理的工作,然而,这些工作不如预期的那样完善,因此,本阶段的重点工作是规范化数据治理和信息管理的职能模型。

一个很显然的问题是:"为什么需要通过识别信息管理活动设计数据治理模型?"其实这个问题在第 2 章中已经回答了:"你必须治理一些事情,而信息管理是主要的目标",你需要明确治理什么,同时也要很清楚地了解数据治理必须做什么,谁承担治理的职责。同理,类似的工作在信息管理方面也是需要的(例如,开展信息资产管理需要具备哪些职能),数据治理操作框架的最终构成需要依赖这些活动的输出。

如果数据治理没有增加或者增加很少的成本,那么如何进行监管呢? V 主要关注工作职责的分离,当其他人在实施信息管理项目时,难道我们不需要增加人员进行监管? 实际上,很少有组织能够增加员工 100% 从事监管的工作(可能他们也不愿意)。

答案会来自你如何分配各项职责。例如,如果一个业务领导人是 MDM 项目的主要支持者,那么很明显这个人不能是那个项目数据治理方面的责任人,因此,其他业务领导人会被分配监管这项职责。如果有一个数据治理委员会,那么委员会的成员参与到具体项目的实施就是不合适的,如果其他项目的业务领导人需要数据治理,那么第一个业务领导人承担这项工作就比较合适,换句话说,就是应该交替承担。

10.2　活动:确定核心信息原则

这项活动将定义整个数据治理的基础和基调,原则是对组织希望采用的价值观和哲学的描述,在制订组织信息原则的过程中,应该有一些方法能够体现出对组织的收益。过程概览和活动概览分别如图 10-1 和图 10-2 所示。

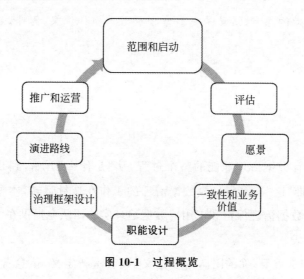

图 10-1　过程概览

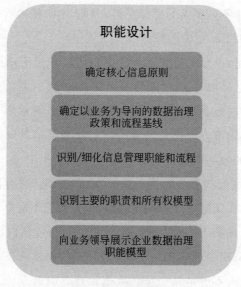

图 10-2　活动概览

（1）原则决定了策略的形式，本阶段展示的核心信息原则将被用于制订正式数据治理所需要的程序。不难看出，如果仔细分析最基本的原则（就是：我们将把信息当作资产对待），一定会有一些相关工作需要策略和流程。

（2）定义和审查新的原则过程中可以加深我们对于数据治理在组织中作用的理解，如果管理层依然不是很确定数据治理的意义，就需要更加关注数据治理概念和相关影响。

（3）原则的审查、重新定义和发布过程中也将提升数据治理团队内部的协作关系。

（4）这不是一项轻而易举的工作，我们经常看到一些公司从公开发表的资料上整理了一个原则列表，堆积到文档中，然后通过一个公告说这是原则，这很难成功，没有评审、深度的参与和业务的支持，很难获取到业务相关的、真实的流程和策略。如果数据治理团队和数据治理职能的各个组成部分没有能够和原则深入融合，那么相关的策略和公司哲学之间就不会有机的结合。原则需要慎重的推导和定义，绝对不能随意。

当然，一份整合外部样例和内部需求的备选原则清单是一个好的开始，我们也会采用内部研发的技术作为框架确保信息原则能够提供足够的覆盖，这项技术就是 GAIP™，它是基于一系列在业务方面描述数据和信息的核心原则。通过第 2 章可以了解 GAIP 更多的背景信息。当备选原则清单已经制订出来后，我们逐条进行检查，确保能够覆盖相关业务。GAIP™列表如图 10-3 所示。

原则	描述
信息当作资产	数据和各种形式的内容都是资产，具有其他资产同样的特性。因此，这些资产需要向其他资产或者财务资产一样被管理，确保安全和明确管理职责
数据价值	基于数据对组织业务目标、操作目标和市场营销方面的贡献，或是对于组织声誉（资产负债表）方面估值的贡献，各类数据和信息都是有价值的
持续关注	数据和信息不是实现目标的临时性资产（或者是作为业务的副产品），而是对于组织的成功、持续的业务运营和管理过程中非常关键的资产
风险	有的风险是与数据和内容紧密相关的，这类风险必须正式地识别出来，要么明确管理职责，或者通过增加相关成本进行管理，进而降低固有的风险
尽职调查	如果风险是已知的，那么必须进行汇报；如果存在风险发生的可能性，那么必须进行确认
质量	数据和内容的相关性、业务含义、准确性和生命周期可能对组织的财务状况有影响
审计	数据和内容的准确性是第三方独立机构进行周期性审计过程中必须的
职责	组织必须识别在数据和内容资产管理中承担最终职责的相关方
负债	信息相关的风险意味着有些财务负债和监管、道德管理、管理不当等相关数据有关

图 10-3　GAIP™列表

1. 活动总结

活动总结如图 10-4 所示。

目标	确定核心信息原则
目的	描述企业中对于数据治理的通用理念
输入	外部的 GAIP 样例，当前企业理念描述
任务	(1) 制订备选原则清单； (2) 应用 GAIP； (3) 和企业当前的原则、策略保持一致； (4) 分析每个原则的原理和影响； (5) 提交数据治理理事会并通过审批
技术	GAIP 应用
工具	Word
输出	(1) 信息原则的初始清单； (2) 基于 GAIP 对各个原则进行验证； (3) 经过调整和合理化原则，使其能够反映其他原则或策略； (4) 企业信息原则草稿； (5) 审批通过的信息原则

图 10-4　活动总结

2. 业务收益及其他

下面重新强调对原则进行审查和完善的重要性，通过两个完全不同公司(参见图 10-5 和图 10-6)的检查结果，可以很好地体现这个重要性。我们咨询相关的经验已经帮助很多公司构建了数据治理体系，但是这两个公司有些与众不同。

因为帮助这些公司制订信息原则，有一个相同的起点，我们制订了"备选原则清单"(类似之前的描述)并采用了 GAIP 的技术，确保所有原则能够和业务方向、公司哲学保持一致。然而，我们得出两套完全不同的原则清单，这两个公司属于同一个行业，由于隐私保护的原因，公司名称做了修改。图 10-6 是一个大公司，图 10-7 是一个中等规模的公司。注意原则颗粒度和基调方面的不同，这两套原则都非常有效，并对各自的组织都有不同的影响。

3. 实施方法关键思考

本阶段持续时间的长短完全依赖数据治理团队根据组织需求对原则进行定制并争取领导层认真和高效审核的能力。这项活动也是在组织内部提升对于数据治理的共识和扩大接受程度的良好机会，否则他们可能经常被拖去参加一些无关紧要的会议。如果你的组织开始花费更多的时间在"言行不一"的原则上，以免冒犯任何人，那么你可能就遇到了下面两个文化问题之一：

(1) 这些原则展示了一些变化，这些变化被认为是承认当前组织存在缺陷，或者说是

"不好的方面",这时高层支持者需要改变这种看法。

（2）过程中的参与者害怕被当作一些错误的制造者,高层支持者需要确保团队知道有人了解他们,并能为他们提供支持。

数据治理原则样例如图 10-5 所示。

业务战略和哲学	信息原则名称	描　述
增加股东收益	数据和内容被当作资产	所有 BigCo 公司的数据和内容会被当作公司资产进行管理,通过正式的原则指导数据质量、合规、数据价值等方面的管理
提高效率	正确的人、正确的时间、正确的地点、合理的成本	业务方面的利益相关者能够在合理的时间、地点及时得到合理量级的数据和内容
	相关性	BigCo 公司将会为所有的度量、数据结构、文档和内容等设计企业级的标准和指导原则
业务一致性和适当的联合	业务一致性	信息管理应用、技术和实施需要以业务为主导,而不是以技术为驱动
	分享和协作	BigCo 公司的数据会统一支持数据分析和其他相关应用,以更好地把握业务计划和应对相关挑战
职责	职责	需要有明确的职责体系负责公司数据和内容的完整性
	治理	数据本身就是需要治理的,并且业务域需要有适当的授权和职责来定义和设计如何对数据、信息和内容进行管理、控制和共享,进而进行统一的监控和管理
风险管理	风险管理	企业信息管理需要支撑联邦法律、政策和监管方面的需求,如安全、隐私、机密性和数据报表等

图 10-5　数据治理原则样例

别忘了花些时间讨论原则的内涵和影响,需要能够清楚地解释各个原则的来龙去脉。原则的内涵非常重要,不仅可以帮助我们充分理解各个原则,同时也可以为将来制订政策提供指导。

制订公司数据治理原则的过程中会有大量的文字工作,在对文字的反复斟酌过程中,可能有挫败感,如果这种情况真出现了,数据治理团队的领导需要站出来声明这些原则已经足够好,无论如何,原则是会不断改进,这时发布原则并开始制订相关政策也不会有太大风险。

一般情况下发布的原则会包含以下内容:

（1）原则的简单描述;

（2）原则完整的定义和描述;

（3）描述原则的来由,介绍为什么制订这项原则;

（4）描述原则具体的内涵以及可能带来的潜在或已知的影响。

在制订原则的过程中，一个比较常见的问题是容易模糊原则和政策之间的界限，如果你的原则中出现了以下警告信号，那么就需要进入第二项工作：

- 超过十条以上的原则，虽然不是前所未闻，但是当你制订了十条以上的原则时，需要非常慎重地考虑这些原则的含义。
- 使用描述信息声明应该如何执行原则。
- 在原则中提到特定的业务域或者职能域。

一般情况下，你会制订 12～14 条原则，然后总结成 7～9 条，在这个过程中通常会进行一些整合。

4. 输出样例

下面是一个完整的文字版数据治理原则样例。

信息应该是权威的

简介：

组织中的数据应该存在一个唯一的权威数据源，能够对外提供查询服务，帮助确定什么是事实。

描述：

组织中的数据应该存在一个唯一的权威数据源，能够对外提供查询服务，帮助确定什么是事实，这并不妨碍创建数据或者信息可信的副本（这可以成为有管理的冗余）。

基本原理：

- 一个业务主题数据的可验证的、准确的数据源是确保全面的数据完整性，减少问题，降低复杂度和成本的关键。
- 数据从各种内部和外部的数据整合而来，过程中面临的不一致问题是必须解决的，从而才可以提供唯一的、准确的视图。
- 组织的关注点从"产品驱动"到"客户驱动"的转变需要方便地获取跨越多个职能域的、准确的、一致的数据。
- 展示客户的 360°视图需要通用和一致的数据。
- 冗余数据的移植和管理相关的成本必须被消除，访问延迟问题也需要解决。

收益：

- 降低信息孤岛相关的风险。
- 为了组织协作关系而提升业务协同能力。
- 降低数据和信息迁移相关的成本。
- 降低部门分头管理数据导致的相关成本。
- 提升基于统一数据源的业务度量方面的准确性。

内涵：

- 组织内部的每个可控主题数据都有一个唯一的、明确定义的、权威的数据源。

- 权威的来源和定义需要很容易找到和确定。

- 在组织内部可能存在多个数据源，但是只有一个被认为是权威的。

- 数据的位置对于战略业务单元来说是透明的。

- 在构建权威数据源的过程中需要遵循统一的制度（治理）。

- 需要定义企业用户、经销商、供应商、现场人员和其他人等方面数据的唯一权威数据源，进而提升客户的满意度和忠诚度。

- 组织数据相关的数据认责关系需要构建。

- IT 和业务数据认责专员需要为这条原则提供支持。

- 组织数据管理的政策需要定义、沟通和执行。

- 组织内部的各种数据源需要遵循集中数据管理的方法（集中授权）进行管理，这个方法需要明确的定义，进而保证能够提供唯一的、权威的数据。

- 只有在优化性能、提升管控和本地数据更新的时候才可以进行数据的复制和抽取，在这个过程中必须遵循数据治理的要求。

　　下面是之前提到的相同行业中两个公司数据治理原则的示例，图 10-6 可能有一两个额外的原则，但是这个组织认为，除非是原则的一部分，否则政策是不会成立的。

原 则 名 称	描　　述
信息是资产	信息是资产，需要在整个 MidCo 公司范围内普遍应用，提升运营效率、竞争力和决策能力
信息应具有代表性	信息将展示 MidCo 公司及其相关活动在真实世界中准确和真实的情况
信息应该是权威的	针对感兴趣的信息应该存在唯一的、权威的数据源，进而能够帮助判断事实
信息应该是准确的	所有存在的管理机制，如管理活动、标准和治理等都需要为 MidCo 公司信息的准确性服务
信息应该是适时性	信息的价值随着时间的推移急剧下降，仅需要在有用的阶段保留
信息应该是可共享的	MidCo 公司随着应用场景的增多，信息价值也会相应提升
信息应该是安全的	和 MidCo 公司的其他资产一样，需要为信息提供相关的保护，防止出现故意或意外篡改（或破坏）
信息应该是可理解的	MidCo 公司的信息需要被管理，防止出现错误的表达和应用等相关的风险
信息和内容应该是可编目的	信息被应用的能力依赖信息是否能够被发现和共享

图 10-6　原则样例 1

小贴士

围绕原则的一些讨论会比较枯燥，即使是精力充沛的数据架构师或者团队中的业务人员，也可能感到疲倦，尽量保持评审会议简短，同时进行合理的分工，分成两组各自进行原则的编写，然后相互交互并进行评价。

第一次评审时会有很多原则其实是数据政策。当有 20 条原则时其实是不正常的，这与一个权力法案中包含 20 个法规或者 200 条权力类似——你弱化了哲学和信仰的力量。图 10-7 展示了最终的原则列表，最原始的原则列表包含很多这里没有展现的内容。

原 则 名 称	描　　述
责任	需要建立正式的组织进行企业数据的治理，并具有明确的权利和责任定义、建立数据管理的机制
标准化	需要为所有的度量、内容、数据结构、代码、值和数据命名建立企业级的标准和指导原则
权威的	针对企业感兴趣的目标对象应该存在唯一的、权威的数据源，能够帮助判断对错
正确的时间、地点和成本	在被授权用户和消费者查询时，企业的数据、信息和内容需要能够在正确的时间、地点，以合理的成本和正确的格式提供
业务一致性	信息管理方案需要以业务为驱动，必须能够满足业务需求或者业务领域的需要
数据资产质量	企业中需要有团队能够为数据的质量和完整性负责
风险管理	企业数据管理流程需要管理风险，并且必须符合相关法律、政策和合规方面的要求
协作	数据是协作性资产，当有业务需要时，能够被共享和使用

图 10-7　原则样例 2

有时，原则的审批也会成为问题：管理者认为已经有太多的原则和政策，即使仅需要一点时间进行审阅。这时不要放弃，你依然可以推动本阶段很多其他的工作。原则影响看法、信仰和行为，你可以持续推动相关的工作。

10.3　活动：确定以业务为导向的数据治理政策和流程基线

每个流程都会有一个思想、概念和哲学变为现实和有形的步骤，这就是数据治理的工作。结合组织的原则和业务驱动力，数据治理的愿景和使命协同推动规范数据治理活动所需政策和流程的定义。

数据治理的一些过程同时也具有执行政策的需求，所以要意识到政策和过程不是互斥的。其他过程需要确保数据治理的活动得到贯彻，例如，企业中会有制订和修订数据政策的职能,也会有审计和验证数据政策合规性方面的职能。

实际活动中会有很多并行的工作,图 10-8 展示了原则如何为数据治理的其他活动提供灵感和输入。首先需要根据隐含的政策对数据原则进行评估。回顾之前提到的"权威性"原则,考虑对潜在相关政策的影响点——如何保证每个影响点都能得到处理。

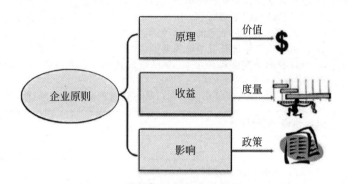

图 10-8　原则对数据治理其他方面的支持

当这些工作在进行过程中时,团队的其他成员可以基于一些通用的流程列表(本书的附录中附有样例)开始制订数据治理流程。这些工作过程中的一个关键是需要制订数据治理流程(流程节点)交付物和产出物的管理流程,这些必要的流程(如问题处理流程)需要细化,政策维护流程在一些大的组织中也是必不可少的。

1. 活动总结

活动总结(确定以业务为导向的数据治理政策和流程基线)如图 10-9 所示。

目标	定义信息管理和数据治理所需的流程
目的	开发能够使数据治理具有可操作性的相关细节
输入	数据原则、数据治理的愿景和使命、数据治理需求
任务	(1) 以原则为基础起草政策初稿; (2) 识别数据治理流程: a) 收集已有的数据和治理的政策; b) 识别能够支持关键业务措施或者度量模型的流程; c) 识别能够支持标准、控制和政策的流程; d) 识别能够支持主数据和 ERP 项目的流程; e) 定义/支持合规需求; f) 识别企业数据模型标准和管理相关的需求和流程; g) 识别参考数据政策和管理相关的需求和流程; h) 识别管理政策和标准相关的流程 (3) 确保流程和政策不相互冲突; (4) 可选:与财务和合规部门一起进行信息风险预测; (5) 识别当前数据管理中存在的问题; (6) 明确适当的控制点

图 10-9　活动总结(确定以业务为导向的数据治理政策和流程基线)

任务	(7) 明确隐私和安全的关注点； (8) 明确监管、合规的需求； (9) 明确关键数据治理流程： a) 定义问题处理流程； b) 定义数据治理政策和标准变更管理流程； c) 定义数据治理和项目的结合点； d) 定义新的组织绩效目标； (10) 识别其他数据治理的具体流程： a) 识别对信息系统开发生命周期的影响； b) 设计数据治理流程的细节、交付物以及和信息系统开发生命周期的整合点； c) 开发修订流程、政策协同计划(评审/修订已有的数据治理政策和流程)
技术	流程建模、流程设计
工具	流程建模工具
输出	(1) 初始的数据治理政策； (2) 度量指标、业务数据需求和管理流程； (3) 标准和控制管理流程； (4) 主数据和 ERP 相关的数据治理流程； (5) 合规相关的数据治理流程； (6) 数据标准相关的数据治理流程； a) 数据治理规划和管理流程； b) 数据治理管理流程； c) 政策和流程的交叉引用； d) 参考数据相关的数据治理流程； (7) 信息风险预测； (8) 数据治理问题的关闭流程； (9) 数据控制； (10) 隐私和安全控制； (11) 监管相关的数据治理流程； (12) 数据治理问题的处理流程； (13) 政策和标准的维护流程； (14) 项目中的数据治理流程； (15) 从业务的视角对数据治理进行度量的目标； (16) 信息系统开发生命周期的控制需求； (17) 信息系统开发生命周期管理机制的变更； (18) 对数据治理相关的政策进行修订

图 10-9　(续)

2. 业务收益及其他

本阶段工作的主要收益是能够明确运转数据治理所需要的能力，当然，不利的一面也是业务能够看到哪些是运转数据治理所需要的。底线是需要尽快推动数据治理从抽象走向现实。

3. 实施方法关键思考

数据原则(及其相关含义)是制订数据政策的基础，数据治理团队需要把数据原则和数据治理工作所需要的通用流程整合在一起,数据治理的核心流程需要能够覆盖规划、设计、管理和运营等各个阶段,主要包括下面的内容:

- 支持关键业务活动或者评价模型;
- 支持标准、控制和政策;
- 支持主数据和 ERP 项目;
- 支持合规管理;
- 支持企业数据模型标准和管理;
- 支持参考数据管理流程;
- 数据治理本身的规划和管理,包括管理政策和标准相关的流程。

一旦数据治理团队已经制订了相关的数据治理流程,这时他们需要认真审阅,确保没有流程和相关政策有冲突。

另外,数据治理团队也需要明确监管的要求,如安全、隐私和合规等。

数据控制也非常重要,特别是在财务服务领域,很多我们的客户基于 COBIT 构建数据治理框架,这是一种数据控制和财务治理方面的标准框架。

不要忘了监管、合规、安全和隐私方面的管理流程,这些都是显而易见的数据治理职能,很多组织已经有安全和隐私管理,所以协同和充分利用这些领域已有的政策就非常重要,如果政策已经存在,确保你可以把它整合到数据治理工作中。

最后,建议数据治理团队重点思考关键职能域的流程设计,如问题处理、维护和实施新的政策等,通过这些工作基本能够了解组织需要在哪些方面进行改变,也包括 IT 在项目实施方面的改变,这就是信息系统开发生命周期(SDLC),可能有多种模式(如敏捷、瀑布式、迭代式等),不管是哪种模式,数据治理都需要对 SDLC 内在机制进行改变。

4. 输出样例

图 10-10 展示了我们采用过的数据治理方面的标准工作列表,完整的列表在后面的附录中,包括基本的信息管理工作,很抱歉需要你们参考附录的内容,因为本部分内容的空间是有限的。

阶段	基本的企业信息治理功能	功能域		
		信息管理	数据治理	变更管理
规划	识别关键的数据原则	×	×	
	被推荐的新的信息治理流程		×	
	重新定义当前治理实践		×	

图 10-10　数据治理功能样例

阶段	基本的企业信息治理功能	功能域		
		信息管理	数据治理	变更管理
定义	定义数据含义和业务规则		×	
	为了提高复用性和一致性而管理应用的参考数据需求	×	×	
	设计隐私和安全标准		×	
	建立规则、模型相关的标准		×	
	定义企业信息管理政策指南		×	
	定义数据溯源管理政策		×	
	定义信息生命周期管理政策		×	
	定义企业组数据管理标准		×	
	明确信息治理的技术需求		×	
	定义命名规则和政策		×	
管理	提炼数据治理(数据治理)演进战略和度量体系		×	
	被推荐的新的信息治理流程		×	
	评估当前的治理实践		×	
	审计企业信息合规方面的应用和其他项目		×	
	分配信息治理(IG)相关问题到合适的对象			
	评估和汇报信息治理的进展		×	
	评估信息治理的有效性		×	
运营	实施数据隐私相关的业务流程和系统	×	×	
	评审数据控制相关的管理流程		×	
	信息治理委员会的日常工作：会议、计划和问题处理		×	
	推动信息治理实施相关度量体系的落地		×	
	推动受管理的、准确的数据的应用		×	
	协调和解决数据冲突的问题		×	
	推动企业主数据管理相关政策、设计和流程的落地实施		×	
	推动数据原则、政策和标准的落地实施		×	

图 10-10 （续）

小贴士

　　如果关于数据治理功能设计方面的反馈意见是"太多了"，这时需要提醒批评者在业务领域已经有类似的工作了。

一个常见的错误是未能将信息管理流程的设计和数据治理流程保持独立,下一阶段的工作就是进行信息管理流程方面的设计。独立性缺少的原因主要是早期的数据治理人员主要来自信息管理领域。通常情况下,数据治理人员会被告知需要适应当前的角色和职责[①],而这些人面临的挑战是需要分清两个 V(数据管理和数据治理)方面各自的职责,同时也需要创建嵌入组织流程的新的角色和持续的工作内容。记住,必须识别出哪些是信息管理工作,哪些是数据治理工作。

10.4　活动:识别/细化信息管理职能和流程

这是一项识别信息管理职能的简短活动,在本项活动中,团队需要收集和识别信息管理领域的管理流程,这样做是为了更好地区分治理者和治理对象。业务领域对于需要监管什么很明确,因为业务领导经常应对各类监管需求。但是,组织的信息人员以及信息管理人员很难清晰地界定两者之间的界限,前一阶段的工作已经把数据治理方面的工作进行了定义,本阶段的工作主要是定义信息管理方面的工作。

1. 活动总结

活动总结(识别/细化信息管理职能和流程)如图 10-11 所示。

目标	定义信息管理领域需要开展的功能
目的	明确信息管理和数据治理流程两者之间的区别
输入	数据治理职能
任务	(1) 识别信息管理流程; (2) 从数据治理中分离信息管理的功能
技术	流程建模、流程设计
工具	流程建模工具
输出	(1) 重新修订的信息管理流程; (2) 独立于数据治理职能的信息管理职能列表

图 10-11　活动总结(识别/细化信息管理职能和流程)

2. 业务收益及其他

职责之间的相互独立是一个很重要的概念,如果一个正在处理数据治理工作的人同时也要维护数据库、管理数据模型,那么就不能进行良好的监督,因为在他们参与的项目

---

① 感谢这些年来一起工作的信息管理人员,他们都承担双重的职责。在信息管理方面有很多勤劳的员工,我们从没有见到哪个管理层允许数据治理团队放下他们当前的职责,这自然会让工作拖延,但他们一直坚持推进。至于要求数据治理团队承担双重职责而又不给额外激励,却不断强调数据治理重要性的做法,我们在此不予置评。

和这些项目的监督过程中必然存在一些冲突。对于项目的业务支持领导以及利益相关者来说也一样,不能期望他们一边面临项目交付时间的压力,一边又要停下来审计项目对于数据治理政策的符合度,不可避免地,这些数据治理工作会走入困境。

3. 实施方法关键思考

要确保你能够提供数据治理和信息管理各自独立运行和联合协作方面的样例,在这个阶段,很容易让项目组对于谁做什么感到困惑。数据治理和信息管理的完整功能列表应该一起呈现出来,具体样例请参考图 10-15。

4. 输出样例

图 10-12 展示了信息管理的功能列表。

小贴士

请采用我们提供的模板,这些模板已经经历了很多年信息管理和数据治理项目的验证,我们也会定期进行更新。如果想下载最新模板,这里有一个网站(www.makingeimworkforbusiness.com)可供使用。

10.5　活动:识别主要的职责和所有权模型

本阶段活动主要是对数据治理流程(如具体工作中"谁做什么")进一步细化,V模型中描述了很多关于谁需要管理数据治理流程方面的内容,然而,我们不是在发布数据治理运营框架和组织方面的整体设计,而是在谈论数据治理的各个层级大概需要做什么。我们通过 V 模型识别数据治理各个层级可能的名称以及相关的沟通方式,这些内容在后面会通过流程的方式被正式确认和审批,但是需要在本阶段先进行描述,因为规划、设计、管理和运营的模型最终都会被转化为组织行为。信息管理的职能列表如图 10-12 所示。

阶段	基本的企业信息治理职能	职能域		
		信息管理	数据治理	变革管理
规划	信息架构设计和企业业务战略保持一致	×		
	建立信息化项目实施的优先级顺序	×		
	评估信息的成熟度	×		
	建立数据技术框架	×		

图 10-12　信息管理的职能列表

阶段	基本的企业信息治理职能	职能域		
		信息管理	数据治理	变革管理
定义	确认企业架构原则中的信息原则	×	×	
	制订企业信息内容和交付(数据模型)相关的管理流程	×		
	开发和建立企业元数据管理环境	×		
	定义信息系统应用评价体系评判信息系统的效率	×		
	定义参考数据	×		
	为了提高复用性和一致性而管理应用的参考数据需求	×	×	
	定义组织主数据管理机制：政策、设计和流程	×		
	定义元数据层	×		
	定义信息化项目和业务需求	×		
		×		
管理	管理数据架构、模型和定义	×		
	在企业信息资产管理中跟踪和落实行业发展趋势	×		
	管理企业信息资产管理中的 BI 项目	×		
	管理企业信息资产管理中的主数据项目	×		
	定义信息管理相关的流程	×		
	确保数据质量和数据集成(通过主题域划分)	×		
运营	数据安全	×		
	实施数据隐私保护相关的业务流程和系统	×	×	
	实施数据访问相关的流程	×		
	实施数据控制相关的流程	×		
	支持新的信息管理和数据治理的愿景,而不是与之相悖	×	×	
	制订客户、供应商或者其他主题域数据的层次结构	×		
	覆盖全生命周期的数据质量评估	×		
	监测和优化信息管理技术	×		
	管理数据集成和移植	×		
	设计和维护元数据	×		
	支持合理的数据访问	×		

图 10-12 (续)

1. 活动总结

活动总结(识别主要的职责和所有权模型)如图 10-13 所示。

目标	制订组织中各种角色在数据治理过程中所承担的职责
目的	为制订角色和职责的定义提供指引
输入	企业信息管理和数据治理职能列表和流程
任务	(1) 分析履行数据治理职责所需的流程; (2) 分析数据治理职能和业务领域的结合点; (3) 定义数据治理执行机制
技术	组织架构,辅助支撑机制
工具	Excel、Word 或者类似的工具
输出	(1) 职责和流程列表; (2) 数据治理组织和组织其他部门直接的交互点; (3) 数据治理运营机制的雏形

图 10-13　活动总结(识别主要的职责和所有权模型)

2. 业务收益及其他

在这项活动中会有更多的相关影响,而不是收益,任何时候,在组织中增加新的职责和义务都会带来一些影响,这些影响可能包括各种各样的声音和人力部门全力的参与等。

本项活动的收益是在相对早期的阶段明确组织的定位,当管理层对数据治理中的职责和义务提供反馈时,你就能了解哪些人持有什么立场,也能够清楚哪些人是你的支持者。

3. 实施方法关键思考

为了推动数据治理的成功实施,需要关注数据治理和业务的结合点,明确个人的职责和管理流程(如对管理专员的统筹管理)。

4. 输出样例

本项以及下一项活动的输出成果样例请参考图 10-15。

小贴士

在和其他利益相关者进行讨论和评审之前,确保数据治理团队已经完成本活动的主要交付物,这会帮助团队更加聚焦,并可以更好地解释相关流程的含义。

在设计数据治理运营机制过程中会有各种各样的观点,也会存在很多不同意见。如果可能,可以通过一些小型会议尽可能收集各种观点。

10.6　活动：向业务领导展示企业数据治理职能模型

现在是启动数据治理工作的关键节点,至少需要对职能列表的汇总版进行审阅,数据治理职能是一项新的活动,会对很多利益相关者带来改变(即使他们了解数据治理)。

在这个节点,新职责的实施总是要耗费大量数据治理的工作,即使已经是"一路绿灯"。因此,这不是一个很随意的展示,你是在推动别人认可数据治理的原则并了解具体细节,不是让别人了解所有流程的具体内容。数据治理团队了解本项活动会花很多时间,因为对这种内容的审批需要几个人的批准,这些人通常情况下一个月最多碰一次面。

1. 活动总结

活动总结(向业务领导展示企业数据治理职能模型)如图 10-14 所示。

目标	获得数据治理运营机制的批准
目的	在审批之前确保数据治理机制能够得到支持和理解
输入	企业信息管理和数据治理的职能模型
任务	(1) 数据治理职能模型汇报的准备; (2) 获得对于数据治理流程原则上的接受
技术	辅助支持
工具	PPT 或者类似工具
输出	(1) 数据治理运营机制展示; (2) 批准过的数据治理职能列表

图 10-14　活动总结(向业务领导展示企业数据治理职能模型)

2. 业务收益及其他

本项工作的主要收益是在早期提升数据治理的认可度或者继续巩固当前的基础,你也可以看到管理层对数据治理职能模型的反应。通过向管理层展示将来数据治理的愿景,可以获得以下收益:

- 你所定义的很多职能已经存在于组织内部的很多领域,有大量的冗余或者冲突。
- 有些组织欠缺的职能可能导致相关风险。
- 组织中当前已有的一些职能需要提升效率。

大多数时候,你会得到"是有很多……"或者"这是我们所希望的吗……?"等类似反应,你需要非常清楚地告诉领导层:是的,或多或少,当前确实是这样。

3. 实施方法关键思考

通过 V 模型或者类似的方法,这里的关键点是职责。第 11 章会完成数据治理组织的定义,它主要是定义各种角色,对本项活动帮助不大。让评审者始终关注职责和义务:这样合适吗?对于潜在的管理层来说,在组织文化或者政策方面是否存在屏障等类似问题。V模型如图10-15所示。

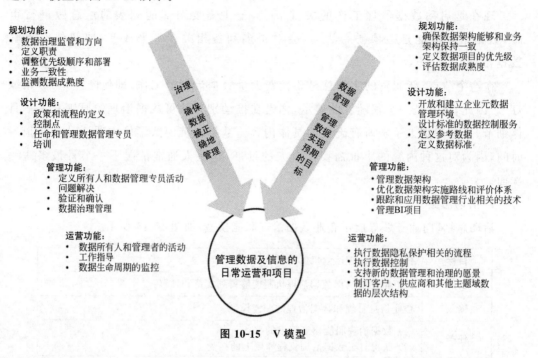

规划功能:
• 数据治理监管和方向
• 定义职责
• 调整优先级顺序和部署
• 业务一致性
• 监测数据成熟度

设计功能:
• 政策和流程的定义
• 控制点
• 任命和管理数据管理专员
• 培训

管理功能:
• 定义所有人和数据管理专员活动
• 问题解决
• 验证和确认
• 数据治理管理

运营功能:
• 数据所有人和管理者的活动
• 工作指导
• 数据生命周期的监控

治理——确保数据被正确地管理

数据管理——管理数据实现预期的目标

管理数据及信息的日常运营和项目

规划功能:
• 确保数据架构能够和业务架构保持一致
• 定义数据项目的优先级
• 评估数据成熟度

设计功能:
• 开放和建立企业元数据管理环境
• 设计标准的数据控制服务
• 定义参考数据
• 定义数据标准

管理功能:
• 管理数据架构
• 优化数据架构实施路线和评价体系
• 跟踪和应用数据管理行业相关的技术
• 管理BI项目

运营功能:
• 执行数据隐私保护相关的流程
• 执行数据控制
• 支持新的数据管理和治理的愿景
• 制订客户、供应商和其他主题域数据的层次结构

图 10-15　V 模型

4. 输出样例

无

小贴士

对数据治理团队可能遇到的各种问题进行头脑风暴,记住,大多数评审者会有自己理想的组织结构模型,如果允许这种情况发生,大家就很容易把V模型拆开。

需要注意的是,在展示过程中常常会介绍太多的细节,你需要聚焦于V模型以及数据管理和数据治理本身的职能,具体细节可以留给数据治理团队。

10.7　总结

很多时候,数据治理需要由冰冷的概念转化为可以操作的模型,本阶段的工作就是这个转化的第一部分,这是组织认识到数据需要不同方式进行对待后,数据治理真正走入组织的第一步。

因此,需要启动一些工程。相关数据管理的原则需要定义,这些原则是行为的基础,非常重要,需要明确这些原则的影响以及来源,也是制订数据管理政策的基础。然后需要定义数据治理中规划、设计、管理和运营等方面的功能。虽然我们还没有完成,但是依然需要识别"哪些人(who)"在"哪些环节(where)"开展数据治理工作。然而,我们需要牢牢掌握住"什么(what)"从原则到具体的流程,需要理解数据治理的运营模型,清楚地展示数据治理的愿景,进而完成本项活动。

第 **11** 章

治理架构设计

将思想转化为行动的能力是通向成功的秘诀。

——亨利·沃德·比奇

11.1 概述

在过去几十年里,当我们把数据治理当作信息化项目的一部分启动时,我们并没有关注组织如何持续地运营这些新增的数据、工具和其他相关的事物。毕竟,这看上去很简单,指定几个管理员,赋予他们权力执行标准,这应该就够了。但是,现实很快就会给我们迎头痛击,我们认识到需要额外的工作正式对待组织如何运营数据治理[①]。这时需要启动一些工程展示哪些是必需的工作,然后需要指定特定的角色执行相关的工作,这些工作的执行必须在我们可监管的范围内开展。换句话说,我们必须设计和采用一种组织模式实施数据治理。

同样需要注意这里采用的术语是"组织架构(organization framework)",而不是"组织结构图(organization chart)",因为最终目标是把数据治理融入组织的日常工作中。一般不会建立一个大型的、独立的数据治理组织,根据我们在数据治理组织设计方面的经验,基本不使用这个术语。

本阶段的工作主要是识别数据管理专员、数据所有者、数据监管者等角色,我们需要确定哪些人在哪里管理什么内容。假设已经有数据治理方面的职能设计,不仅是一些职能列表,而是真正的设计。数据治理其他的流程表明识别数据管理专员的工作会比较快,如前所述,我们并不认为这是一个好的做法,到目前为止,数据治理团队的任何一个成员都是开始流程的一部分,他们可能是或者也可能不是长期的、正式的数据管理专员。试想,如果在没有数据治理职能设计之前就定义了数据管理专员,那么定义的职责中就会缺少以下内容:

- 定义流程的管理范围;

---

① 看起来很奇怪,大多数人并不是生来就适合作数据管理专员,不存在生来就有的"数据本能"。因此,定义一些标准,然后推动实施和治理的这种模式通常会失败。

- 正式的监管手段；
- 培训；
- 组织中对"数据管理专员"这一角色的接受程度。

关键概念

管理专员制度(Stewardship)小议：我们不是在讨论新教教会服务的内容，而是在讨论数据治理背景下的管理专员制度的定义。"管理专员制度"这个术语已经被过度使用了，我们认为它代表的是一些职能，而不是一个独立的角色。数据管理专员制度以数据治理框架为载体，它不仅赋予某个机构或个人一个职务，更重要的是定义相关的责任和义务。

本阶段工作以数据治理职能框架为输入，对数据治理过程中涉及的各层进行细化定义，进而明确各层的职责和义务，(如果需要)也会建立数据治理联邦并明确构成。最后，需要启动数据治理架构的审批和推广工作。

本阶段工作的核心是对数据治理各个层级的最终定义和安排，前一阶段工作主要是制订初始的愿景，但是我们需要发布正式版本。同样，不存在成功数据治理的标准模式，每个组织都需要深入理解为什么采用这种模式。

- 数据管理专员是多维的。一个常见的错误是为某个主题域指定一个人作为数据管理专员(例如，市场部的 Bob 现在是客户数据的数据管理专员)。然而，数据管理专员不是一个单独的角色，数据的上下文和使用方式对数据管理专员的形式和管理强度会有很大的影响。图 11-1 展示了为什么一个主题域(刚才客户数据的例子)需要两个或者更多的主体负责客户数据的不同信息。行 A 展示了客户数据的外部应用场景，行 B 和行 C 展示了客户数据在内部的不同应用场景。基于这个客户数据的例子可以看到，一个单独的主题域不仅需要多个数据管理专员，还需要一个客户数据管理专员委员会。
- 需要突出责任。数据管理专员制度可以被认为是一个职能，所以本质上使用或者接触数据的所有人员都可以被认为是一个数据管理专员。然而，这里忽略了责任的概念，除非你想单独描述数据管理专员制度和责任是相等的，否则就需要明确谁为这个负责。根据经验，最好的数据治理框架宣称每个人都是数据管理专员，然后为不同层次职责和义务的所有者指定不同的职务，这里也是和其他实施数据治理流程进度不一致的地方。

在进入具体细节之前，须花一些时间看图 11-2，这里展示了一个简单的数据治理框架，完全没有提到数据管理专员制度。图 11-3 展示了一个组织如何与数据治理框架中的概念进行关联，注意，各种责任之间不仅有清晰的界限，还有一个统一的概念，即同属数据

数据管理专员制度代表了上下文、业务模型和相关领域中的职能

		数据应用类别	
		数据是一类事件或者交易，如会员注册、客户营销或者机器维修	数据作为一个主题域，如相关主题域数据的应用
数据上下文样例	外部应用，如监管和合规	数据被合法获取	数据被合法应用
	跨业务域的一致性，例如多部门或者业务条线的数据应用	交易必须是准确的	各个部门使用的数据是准确的
	部门内部使用，如完成本部门的特定目标	数据需要满足部门的需求	内部应用的数据，不对外共享

A

B

C

图 11-1　多维数据管理专员的示例

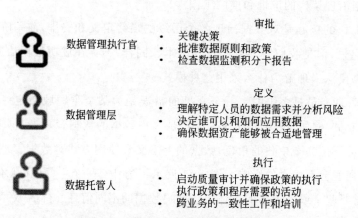

审批
数据管理执行官
- 关键决策
- 批准数据原则和政策
- 检查数据监测积分卡报告

定义
数据管理层
- 理解特定人员的数据需求并分析风险
- 决定谁可以和如何应用数据
- 确保数据资产能够被合适地管理

执行
数据托管人
- 启动质量审计并确保政策的执行
- 执行政策和程序需要的活动
- 跨业务的一致性工作和培训

图 11-2　多层次的数据管理专员模型

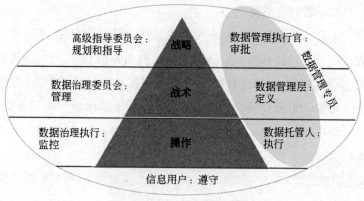

高级指导委员会：规划和指导　战略　数据管理执行官：审批

数据治理委员会：管理　战术　数据管理层：定义

数据治理执行：监控　操作　数据托管人：执行

数据管理专员

信息用户：遵守

图 11-3　数据治理框架样例

管理专员治理。你需要数据管理专员制度这个概念,其中责任和义务需要正式的分配。数据管理专员制度不是一个狭窄的定义,它需要根据组织的需求进行定制。本阶段的主要工作是根据组织特定的需求有针对性地创建数据治理框架。

11.2　活动:设计数据治理组织框架

本项活动是对数据治理流程的进一步细化(如谁做什么工作),V 模型延伸到各种数据治理流程需要谁的参与等细节,通过识别各个沟通路径和权限进一步丰富 V 模型,本项工作的成果(RACI 图)可以转化为 V 模型。如果在如何分配资源或者相关的责任、义务给数据管理专员方面存在任何争论或争议,那么这项活动可能很耗时。过程概览和活动概览分别如图 11-4 和图 11-5 所示。

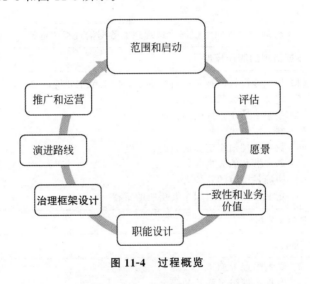

图 11-4　过程概览

图 11-5　活动概览

本项活动涉及的主要技术是传统的 RACI 矩阵,当然,RACI 就是谁负责、谁批准、咨询谁和通知谁的简写。

- 谁负责(Responsible)——具体执行或者完成这项工作的个人或者团队。
- 谁批准(Accountable)——确保工作能够完成的团体,当然也要承担相关责任。
- 咨询谁(Consult)——在工作完成前需要提供输入的团体。
- 通知谁(Inform)——工作的汇报对象。

每项功能或者流程都需要这样分析:针对每项流程进行讨论。通常在 RACI 分析方面会花费两周的时间,但是在制订组织框架方面依然需要时间。

1. 活动总结

活动总结(设计数据治理组织框架)如图 11-6 所示。

目标	制订数据治理的运营框架
目的	基于合理的流程向组织展示最理想的数据治理组织框架
输入	数据治理的职能模型
任务	(1) 从职能设计的视角进行数据治理的 RACI 分析; (2) 定义组织联邦的层级; (3) 基于 RACI 分析识别管理层; (4) 制订组织模型; (5) 数据治理组织定义的目的; (6) 确定潜在的人员配置; (7) 明确各层级的管理者; (8) 定义数据治理组织主要层级的章程
技术	RACI 分析
工具	Excel
输出	(1) 数据治理 RACI; (2) 数据治理组织联邦的层级; (3) 数据治理组织层级; (4) 数据治理组织结构图; (5) 数据治理联邦模型; (6) 数据治理组织的人员配置; (7) 数据治理的领导层; (8) 数据治理章程

图 11-6　活动总结(设计数据治理组织框架)

2. 业务收益及其他

本项工作会产生很多业务影响,因为你正在创建一个框架支持数据治理工作的开展。这时两周的时间是常态,也可能占用更多的时间。用两周时间完成图表中第一部分的工作,但是也可能用两周或者四周时间持续推动确保能够获得支持。记住,数据治理团队越接近具体实施的过程,就会遇到越多的抵制和政治问题。

3. 实施方法关键思考

让你的团队验证抵制力量的强度(通常情况下是组织对应该做哪些事情有疑问),在没有外部资源支持的情况下,这项工作的开展不会一帆风顺,每项交付物都会受潜在利益相关者的持续审阅,每项工作的开展都需要敏锐地关注公司文化和政治。这并不意味着数据治理团队对于需要治理什么降低预期,而是需要更加坚定并找到方法突破第一层的障碍。

在职能设计阶段的职能模型是进行 RACI 分析的输入,这意味着需要仔细检查所有数据管理和治理方面的活动。数据治理团队需要对数据治理框架进行初始分解,进而形成 RACI 工作产品的每一列。这项工作需要很多反复和讨论,很有可能这个过程中会有一两个问题需要管理委员会或者高级管理人员的参与。

RACI 分析结果对识别数据治理组织联邦模式的形式和本质具有重要意义。记住,联邦的概念(在数据治理中)意味着我们在组织内部如何对数据治理对象或者功能进行整合和分层,这是对数据治理元素和组织进行交互的进一步细化,如何保证标准在组织内部各个部门或者层次中能够得到应用,哪些层级的治理组织是需要的等(如本地的、区域的、全球的、企业级的或者其他的)。

例如,某个主题域数据的职责很难确定,那么这些数据很可能需要多层组织的共同管理。构建数据治理联邦的主要因素如下。

- 企业规模:如果在不同的品牌、运营区域或者业务条线内部存在区别,那么就需要不同形式和强度的数据治理,进而也需要不同的联邦模式。

- 地理位置:你的企业是否覆盖很多国家? 如果是,那么需要根据不同国家的风俗和监管要求设置不同的治理模式。

- 组织形式:如果高层领导能够参与到数据治理中,那么一个习惯于严格的集中管理的公司将更容易实施数据治理。分布型的组织需要具体定义哪些内容是集中控制的,哪些内容是分散管理的。

- 监管环境:很明显,一个被高度监管的组织更容易接受资产的集中控制,反之则不然。

- IT 组合条件(IT Portfolio Condition):这个因素会从两个方面施加影响。一个传统应用组合会希望构建新的、接受新条件的治理模式,这种情况在一个公司进行 SAP 实施时很常见,在 SAP 实施中会有很多约束,这些约束是成功实施的基础。修改 SAP 的功能不是一个好主意——你需要接受它,在上线之后如何持续保持 SAP 集成的好处,也需要持续开展数据治理的工作。SAP 的可配置性允许用户运行 amok,发现 SAP 主文件与它们替换的遗留文件管理不善并不少见[①]。相反,

---

① 作者早年写过一篇描述 SAP 软件的文章,之后遇到了麻烦,文章题目为"除了增加钱之外就是传统软件",SAP 公司对此非常抵触,但是他们不了解文章的意义。如果你和对待传统系统的数据一样来对待 SAP 系统中的数据,你将得到同样的结果:垃圾数据。每个项目的平均成本为 3500 万美元(作者的数据),这使得 CEO 们非常失望。

一个运转良好的嵌入式的(或者是冗余的)传统遗留系统可能是一个障碍,这被认为是不受治理或者是不受外部影响的。最后,如果我们面对一个地理分散型的、部署了各种各样应用的公司,任何类型的以集中管理为基础的联邦形式都将是一种挑战。

- 企业架构:这是一个非常具有挑战性的因素,因为改变企业架构不是一件容易的事情,如果有,那是因为复杂的应用组合和不一致的、没有规划的企业架构都会面临同样的挑战,都需要数据治理的工作。有一本单独介绍企业架构和信息资产管理各自角色的书,所以,企业架构(融合了人员、流程和技术)或者 EA 是受联邦形式影响的。一个不能规范管理人员、流程和技术的组织将需要一个强势的人定义集中管理的数据治理模式,这是因为不论对错,数据治理都将会因为糟糕的技术治理而填补这一空缺。一个具有良好或者高效 EA 实施方法的组织可以利用它的 IT 和技术治理优势,定义非常清晰的联邦方式。

- 文化:文化因素可以分为成熟度(通常称为信息管理成熟度或者 IMM)和变革能力两个子主题。

    ◆ IMM:如果一个组织在理解信息的使用、信息资产的处理等方面不成熟,那么组织联邦的模式应该倾向于更加严格或者集中管理。当然,信息管理方面的不成熟也会导致信息资产分散。

    ◆ 变革能力:数据治理意味着变革,很多类型的组织不习惯或者拒绝变革的需求,传统文化公司或者相对封闭公司的变革能力较弱,当然,新的公司可能更容易开展变革(也可能不需要)。

所有这些因素都需要综合考虑,进而判断采用何种组织联邦形式更好地推进数据治理的工作。

然后,组织联邦的构建需要结合 RACI 分析中涉及的各层级的治理组织。例如,如果决定客户数据需要集中管理,但是应用客户数据的系统分散在全球各地,这时就需要根据各地权限的分布识别相关的责任和义务。因此,客户数据需要集中管理,同时兼顾分布管理的需求,制订一些协作流程,支持客户数据的分布管理。

当然,管理各种治理结构的框架需要考虑联邦模式和治理的层级。记住,组织就是一种框架,不是独立的组织结构图,所以需要在当前的组织结构中构建数据治理组织。

联邦模式与数据治理监管层的融合代表了组织和联邦的形式,通常通过层级结构图或者网络图展示(见后面输出样例中的图 11-8)。

在下一项活动中会为每个职位指派相关的人选,思考具体名字时本质上需要具有组织性,这时一个名字列表也是可以的,但是要确保相关人选能够符合推动并丰富角色所需要的技能和要求。

实际列出的名称（和联系人）将是正在进行的数据治理框架的领导层，他们可能是当前的高层支持者或者数据治理团队的领导者。如果不是，就需要对这些人进行数据治理框架和愿景相关的宣贯。

最后，可能比较容易忽视的是发布数据治理框架中各层组织的简洁章程，在附录 B 中有一个典型的章程概述。

4. 输出样例

图 11-7 展示了一个 RACI 分析样例，深颜色的列是数据治理职能，其他列都是信息管理职能。

管理阶段	基本的企业信息管理和数据治理职能	RACI							
		企业信息管理功能	高级管理委员会	数据治理执行层	数据治理委员会	组织变革管理层	信息化项目管理者	项目管理办公室	项目管理委员会
规划	以业务为导向应用和项目的建设	C					A		
	和业务领域分享和宣贯信息和数据治理项目上的政策和方向	A,R			C		I	I	I
	规划原则、政策、标准和企业数据治理的控制点			R	A		R		
定义	识别存在的差距，细化企业信息管理的路线图和相关环境	A					R,I		
	识别存在的差距，细化企业信息管理的角色、流程和评估体系	A					R,I		
	识别存在的差距，细化企业信息管理的原则、政策、标准和控制点	R		R	A		R		
	定义新的原则、政策、标准和控制点/对当前原则、政策、标准和控制点的修改	R	A			I	C		
	定期企业BI和报表的评价体系	A					R		
	定义识别可信数据源的流程	A			I		R		
	定义数据的可信数据源	A			I		R		
	定义企业信息管理和数据治理组织	A					R		
	购置新的工具	C,R					R	A	
	批准企业的原则、政策、标准和控制点	I	A	I,C	R	I	C	I,C	
	定义企业信息管理组织的变革战略					A	R		
管理	管理信息架构，包括数据模型、规范模型、规则和定义、元数据	A,R					R		
	管理各类信息（常规文件、数据库、内容、ACME的数据存储）	R					A		
	遵循已有的原则、政策、标准和控制点	R	A				I,R		
	开发项目文档	C	I	R			R	A	
	维护权威数据源目录	A					R,C		
	支持和促进保管人的工作	A		R	A		R		
	确保应用数据质量工作的持续开展	C					R	A	
	支持和应用企业信息管理和数据治理相关的技术（仓储库、模型和数据质量工具）	A					R	I,C	
	管理和解决数据治理和信息管理中的问题	C	A	C,I	R		C	C	A
	强化原则、政策、标准和控制点等内容的执行	R			A		I	I	
运营	企业版数据治理程序能够被遵循	R	A	R	R		R		
	执行文化变革管理方法论中的相关任务	I	I,C			A			
	评估企业数据治理和信息管理中的人员绩效					A			
	评估企业变革管理目标的进展					A			
	执行沟通计划	C					R		A
	执行培训和教育计划	C					R		A

图 11-7　RACI 分析样例

图 11-8 展示了一个覆盖多个国家、多个品牌的公司的数据治理组织的联邦模式。

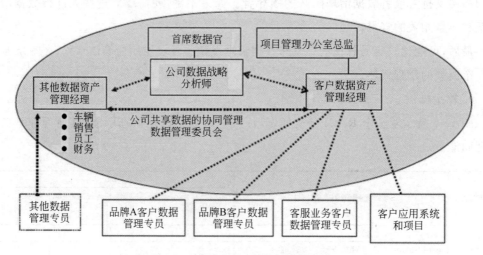

图 11-8　联邦制的数据治理框架示例

小贴士

开展基本的 RACI 练习需要聚焦，并且需要有合适的人选，如果需要业务领域专家，那么确保他们能够提前安排时间，不要很突兀地打扰。如果业务领域专家说需要和领导确认时间是否可以，那么这个人可能不是合适的业务领域专家，此时可请他们的领导参加。RACI 分析中会有很多关于数据治理职能方面的重要讨论，因此，你将会逐步细化数据治理运营模式中的组织视图（记住，避免使用"组织结构图"这个词）。

如果对 RACI 图表的审阅演化成很多乏味、艰难的讨论，那么试着把 RACI 中每一列代表的角色进行概括描述。

最后，需要不断回顾开展 RACI 分析的目的，这常常有些混乱。对讨论的参与者保持耐心，另外，小规模的讨论团队会更高效。不要安排时间超过一小时的讨论，如果需要，可以安排多次。

因为数据治理团队对所需要的职能和流程非常熟悉，所以建议由数据治理团队开展 RACI 的初始分析，如果完全从一个空白表格入手，那么这不是一个好主意。接下来，其他参与方需要介入 RACI 的审批和修改。

11.3　活动：识别角色和责任

本项活动开始描述数据治理角色的名称（正式的），新的数据治理参与方所需要的特定角色需要被定义，并明确相关的管理任务。

这可能令人感到失望（或者无聊），但是当修改相关责任或者活动时，需要告诉相关人员他们需要做什么,并且确保能够被公司人力部门批准。

下面是一些需要定义的角色。

- 理事会:主要的监管者和问题冲突的解决者需要了解他们的角色,他们在制订决策时需要更加果断、不犹豫。在大型组织中,这个群体可能不会由高层领导者或被领导人认可的人员组成。
- 委员会:如果存在一个执行委员会(如不会承担理事会那么重的工作),就需要任命能够了解数据治理和信息管理的人承担顾问的角色。
- 工作组:他们是专注于某个领域的小型组织,需要具备数据管理专员同样的技能;也是理事会的组成部分,需要能够深入研究某个具体问题。
- 承担责任的数据管理专员/所有人:这些被任命者需要明白他们是数据管理专员,必须严肃对待这个角色。他们需要具备信息资产管理的意识并准备开始"坚持"。如果他们所管理的信息领域出现了错误,他们必须是承担责任的人选,把问题汇报给委员会,或者是执行政策中有明确要求的行动。
- 非承担责任的数据管理专员/保管人/所有人:这些数据管理专员或者保管人有相关的责任,但是不对后果负责,他们也需要验证标准符合度,通常这些人也需要参与信息管理和开发,他们承担 V 模型的末端功能。

本项活动同样也需要为相关角色推荐相关的人员并获得批准。

1. 活动总结

活动总结(识别角色和责任)如图 11-9 所示。

目标	定义并审批各个数据治理参与方的职责和义务列表
目的	识别信息资产管理流程中的核心参与方
输入	数据治理框架和初始参与人列表
任务	(1) 定义数据管理专员的角色和职责; (2) 定义数据管理专员/职责的识别方法; (3) 协同 HR 部门和已识别的数据管理专员一起制订并修改数据管理专员绩效考核目标; (4) 识别数据治理的监管主体; (5) 识别理事会、工作组和管理层成员; (6) 识别特别的沟通点和沟通方式
技术	组织构建,政治技术
工具	Excel、Word
输出	(1) 数据管理专员/所有人的角色和职责; (2) 数据治理的责任范围; (3) 修订后的数据管理专员的绩效目标; (4) 数据治理监管框架

图 11-9　活动总结(识别角色和责任)

2. 业务收益及其他

本项活动为推动数据治理工作建立了初始的组织或者学习曲线,你会知道哪些人具有新的工作职责,你也会知道组织当前的状况多么严重,原因很简单,因为非常符合数据治理角色要求的人太少了。

数据治理团队这时可能遇到新的情况,如 HR 人员可能一脸茫然。很多次,当我们把新的职责文档交给 HR 后,发现其他业务领域已经有这个角色很长时间了。虽然 HR 员工认为管理员工和具备有用的岗位描述是非常有帮助的,但是他们却不常做这项工作,而且他们也不了解数据治理。

- 界线问题:数据治理团队可能在执行相关工作时被指责超过了章程规定的界线,这时通过提前和经常性的预期管理可以避免类似事情。
- 政治因素:不可避免地,组织中的一些部门会有更高的权力影响其他人,数据治理团队需要了解当前的政治现状并且和权力更高的部门一起合作,或者获得高层领导的支持对付相关的阻力。
- 激励:组织激励机制常常是顺利开展数据治理的重要手段,HR 部门需要对此进行批准,如果他们能够明确提供激励的程序,会更有帮助。

3. 实施方法关键思考

本项活动可能和数据治理体系的汇报和审批同步开展,在非常大的、充满政治色彩的组织中,你很可能需要按照自己的想法分配人员,也就是说,你需要为数据资产管理的特定领域,如 MDM 或者数据仓库等指定合适人选。当数据治理范围扩展或者相关人员变更时,需要重新开展本项工作。

4. 输出样例

图 11-10 展示了一个设计良好的数据治理层级、角色以及相关人员的名称。

数据治理运营人员建议表	
数据执行官	审批: • 关键决策制订 • 批准数据原则和政策 • 监控数据评测积分卡报告
名称	……
数据管理经理	定义: • 了解特定的数据用户需求和风险 • 决定谁可以和如何应用数据 • 确保资产被正确管理
名称	……

图 11-10　数据治理运营人员列表样例

数据治理运营人员建议表	
数据管理人	执行： • 开展质量审计,确保政策能够被执行 • 按照政策和程序的要求开展工作 • 协调跨业务部门的工作和进行宣贯
名称	……

图 11-10　（续）

小贴士

下面是和本项活动相关的两个技巧：

• 不要害怕讨价还价。也就是说,如果想让某个人担任数据管理专员,可以为他提供反悔的机会。如果组织内部比较强势的部门想控制理事会,那么要求他们成为全面的支持者,并且对相关后果承担责任。

• 是时候考虑激励机制了：如果责任意味着某个管理者需要确保某项数据质量的目标,那么和 HR 一起根据他的绩效提供相关的激励。

在第 5 章提到,不仅仅只将人名写在盒子上,下面是可能遇到的一些困难和相应的应对措施。

• 从数据中获得"权力"被认为是一种政治威胁：展示每个人都需要数据治理,而不是某个特定领域需要。

• HR 部门关于工作职责变更的担心：安排 HR 部门领导和数据治理高层支持者的会议,这是核心的业务问题,需要高层领导的支持。

• 担心增加工作职责会影响当前的生产效率：这是学习曲线中的必然过程,过程中可能有反复,需要强调"额外时间"不是长久之计。

读者可以采纳的一个有用技巧就是永远不要接受一个别人能够提供的,但是众所周知的、表现不佳的数据治理人员,不要接受一个什么事情都完成不了的数据管理专员,即使他可能是一个好的数据管理专员,但是别人一般不会信任他。不要让数据治理成为没人要的员工的聚集地。

最后一个重要技巧是不要突然变更数据监管者或者数据管理专员已有的职责,一个中层管理职位不能保证人员就一定符合相关要求,成为数据管理专员需要具备如下技能。

• 了解组织的需求和文化;

• 取得成功的承诺;

• 推动组织前进的学习动力。

11.4 活动：评审和批准数据治理组织框架

一旦 RACI 分析、角色和人员的识别等工作已经完成，下一步就是汇报这些相关的角色和职责。评审和批准数据治理组织框架与相关的参与者这个过程不是一次就能完成的，通常情况下，针对这些角色、可用的高层资源等会有反复讨论。

你需要解释各个角色、相关影响以及他们的"每日工作清单"，你不会得到所有自己希望的数据管理专员或者其他的理想人员，过程中会有一些取舍。在汇报和批准之间可能还会有一些障碍，这些内容的审批者往往时间很紧张，他们可能一个月才会碰一次面。

1. 活动总结

活动总结（评审和批准数据治理组织框架）如图 11-11 所示。

目标	获得对数据治理组织框架和初始主题的批准
目的	获得关于数据治理如何开展工作的理解和接受
输入	数据治理框架和初始候选人列表
任务	(1) 高层领导审阅并批准数据管理专员识别方法； (2) 开发数据管理专员识别模板； (3) 根据数据主题域识别数据管理专员，并明确各主题域的优先级（如客户）； (4) 识别管理专员和所有人； (5) 获得对数据管理专员和所有人名单的审批
技术	简易化技术、政治技术
工具	PowerPoint
输出	(1) 获取数据管理专员的批准； (2) 数据管理专员模板； (3) 数据管理专员的管理内容； (4) 数据管理专员和所有人列表； (5) 数据管理专员和所有人列表的审批

图 11-11　活动总结（评审和批准数据治理组织框架）

2. 业务收益及其他

管理者需要了解数据治理的预期范围和影响，这对数据治理不是长期的额外工作，而是对工作的改变这一概念的持续理解的另外一个方面。这项活动是构建数据治理组织框架并推动其投入运营的触发点。

3. 实施方法关键思考

准备一些数据管理专员和管理者的管理内容、如何管理的具体样例，同时承诺大量的培训时间和持续推动。

4. 输出样例

数据管理专员列表是相对简单的概念，但是对于各主题域优先级的调整，是一个很有意思的话题,从概念上讲,需要展示类似图 11-12 所示的概念。

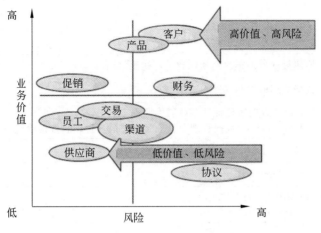

图 11-12　主题域优先级的定义

数据治理组织框架需要制订哪些是重要内容的操作指引,如果数据主题域的优先级顺序能够被识别,则不需要太多的会议。

小贴士

做好和其他工作同步开展本项活动的规划,你很可能得到数据治理运营管理人员的有条件批准,同时还会有很多变化或者重新考虑的关键点,这一步我们从来没有在计划内完成过。

11.5　活动:启动数据治理宣贯

数据治理宣贯就是:开始宣贯数据治理框架(或者说数据治理组织)并且同时与新的成员会面和祝贺,这也是培训的开始。如果有相关的 MDM 工作,那么你可能需要准备沟通计划,本项活动也应该是计划中的一部分,否则这就是一项设置和管理预期的活动。

1. 活动总结

活动总结(启动数据治理宣贯)如图 11-13 所示。

2. 业务收益及其他

了解到你一直在推销数据治理的概念,这点很重要。很多新的数据治理参与者不了解他们要做哪些内容或者为什么需要做,这是改变这种情况的关键一步。随时宣贯和“路演”有助于每个人的思想保持一致。

3. 实施方法关键思考

准备一个标准的“路演”(如 PPT 文件)并安排很多一对一的会议,不要举办一个很大众的简介会议之后就说这项工作完成了。收集每个人的反馈意见,并融入将来的展示和汇报中。

目标	提升数据治理组织框架和运营模型的认知度
目的	构建数据治理组织的预期和进行初始培训
输入	数据治理框架和候选人清单
任务	(1) 开展数据治理管理专员的培训; (2) 与委员会和数据管理专员一起审阅信息管理和数据治理原则
技术	简易化技术
工具	PowerPoint
输出	(1) 完成培训; (2) 原则审阅

图 11-13　活动总结(启动数据治理宣贯)

4. 输出样例

具体数据治理培训材料方面的样例请参考附录。

> **小贴士**
>
> 如果你是数据治理团队的领导,就应该处理本项工作。如果你不是,那么要求领导和你一起开展,如果可以请高级管理人员参与,效果会更好。

11.6　总结

设计数据治理体系如何投入运营这一工作非常重要,但是很关键的一点是你需要了解自己不是在一个独立的部门或者业务域设计这一组织,而是在当前已有组织结构的基础上增加新的职能。当然,在这一步中你也是在定义组织结构,但这实际上是一个沟通框架。

本阶段的工作可能和数据治理的其他工作并行或者阶段性开展,确保你是非常严肃地定义相关的职责,并根据严格的流程建立一个高效的数据治理团队,进而能够支持、推动数据治理工作的开展。

第**12**章

演进路线图

革命总是周而复始地发生,这就是为什么它被称为革命。

——特里·普拉切特

12.1　概述

数据治理演进路线图是数据治理体系设计的倒数第二个交付物,也就是说,除了运营机制本身的设计,这是数据治理团队工作成果中非常重要的交付物,它也将成为数据治理持续运营的基础。

几乎所有已经开始信息流程自动化处理的组织都在数据管理方面做了一些工作,我们已经说了好多次数据管理在组织中已经开展了,只是管理状况比较差。因此,演进路线图不仅是增强数据治理的能力,同时它还必须为数据治理提供一个成功和可持续发展的纲要。

持续性(sustainability)意味着采取行动确保数据治理组织框架持续开展治理工作所需的流程能够正常运转,这个需求的核心是一个容易忽视的事实,那就是组织认为数据已经被治理:职能已经被管理,结果已经被监控和分析,容易导致数据治理失败或者开展困难的障碍已经被清除。根据经验,很少单位能够提前规划将来一年或者两年需要开展的工作。

测量变革程度和管理所需改变的行为仅是过程中将面临难点的一部分,其他关键部分包括开发和监测数据治理价值的指标,需要制订清晰的原则和政策文档,并确保组织能够提供充足的资源支持数据治理工作。

你需要启动正式的组织变革管理(Organizational Change Management,OCM)推动持续运营数据治理所需的行为改变,数据治理固有的形式和条款对许多组织来说相对较新和不同:不同意味着变革。变革需要人们改变行为,采用新的方式开展工作,而行为变革不是一件容易的事情:只要问问身边的朋友们,有多少人每年都制订但并没有完成新年目标。如果你仅仅说需要或者相信这是要做的正确的事情,那么这些改变不会发生,人们本质上是拒绝改变的,因为他们害怕改变;害怕是很艰难的事情,或者他们害怕在新的环境中失败或者丢失某些东西:权力、能力或者影响力,为了数据治理工作成功,提升组织的接受度,必须突破各种阻力。获得高层领导支持的、正式的组织变革管理是帮助实现目标的关键。

组织变革管理是组织效率管理领域的常见机制,需要从以下三方面考虑:

(1)规划:评估当前变革的需求并制订方法和具体的计划管理变革。

(2)执行:执行组织变革管理计划,帮助员工从"旧"的工作状态转入新的状态。

(3)持续:通过机制和组织框架层面确保不会回退到之前的状态。

演进路线图阶段包含组织变革管理中的规划和执行方面的内容,其他方面的工作将出现在持续运营阶段,这部分将在第 13 章介绍。是的,组织变革管理活动现在就开始了,即使是在制订具体程序的准备阶段,依然需要有正式的规划确保持续性。

小贴士

不幸的是,很少有组织能够开展有效的组织变革管理,特别是在数据治理和信息管理方面。领导层更倾向认为这是"不可见"或者"软技能",但是现实情况是组织中变革管理不善导致的直接经济损失(同样很少有跟踪)非常大。如果想展示数据治理的价值,必须开展组织变革管理驱动所需的组织改变,否则就是浪费在数据治理方面的投资,因为这不能持续,都是阶段性的。思考一下,这是你的组织第一次开展数据治理工作吗?这是一个现在开始,还是将来再做的问题。

12.2 活动:整合数据治理和其他相关的工作

记住,因为你需要开展治理,所以在本项活动中要明确数据治理需要支持和监测的项目和工作。如果一个特定项目已经开展了数据治理,如 MDM,那么这时可能有跳过这一步的想法,然而,经验告诉我们魔鬼往往藏在细节中。例如,一个大型的 ERP 项目可能包含各种类型的数据治理监管工作,然而现实是数据治理团队会发现 ERP 驱动的数据治理资源远远不能满足实际需要。更糟糕的是,一个以截止日期为目标实施的项目不希望有太多外部干扰,最常见的抵制数据治理工作的领域是应用和项目交付方面。因此,数据治理团队需要选择能够帮助项目实现目标的活动,而不是选择去干扰。在企业数据治理层面,这看起来有点像"放弃",其实不是,相反,这是一种实际的实施策略。流程概览和活动概览分别如图 12-1 和图 12-2 所示。

和其他工作的整合意味着把数据治理嵌入其他项目计划中,而不是观察。你的数据治理团队需要和一些"幸运的候选人"坐下来一起讨论。

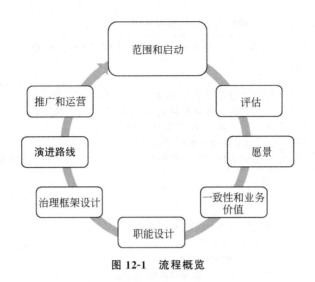

图 12-1　流程概览

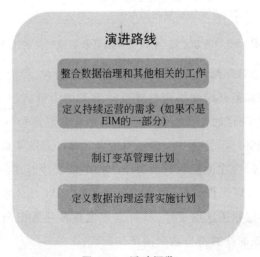

图 12-2　活动概览

1. 活动总结

活动总结（整合数据治理和其他相关的工作）如图 12-3 所示。

2. 业务收益及其他

很明显的收益就是能够让更多的利益相关者加入，这证明数据治理真的投入了实践（希望能够获得充分支持），并且被治理的项目和相关工作最后能够欢迎相关帮助的介入。

当然，这时你遇到的阻力也将浮现出来（肯定会出现），需要已经制订的组织变革管理发挥作用。

3. 实施方法关键思考

被治理的项目需要是可控的，但是，如果可能，就不要涉及政治因素。不言而喻，一个

目标	识别需要治理的初始项目或者工作列表
目的	确保项目或者工作是可被治理的,并能体现数据治理的价值
输入	数据治理职能、RACI、项目计划或者流程
任务	(1) 识别需要遵循标准和治理的项目和利益干系人; (2) 细化治理的主体和委员会(如果是 EIM 的一部分); (3) 细化数据治理章程(如果是 EIM 的一部分); (4) 如果需要,则确认数据管理专员和所有者模型; (5) 定义数据治理的实施计划支持企业信息管理计划或者其他识别的项目
技术	项目计划
工具	Microsoft Project
输出	(1) 数据治理的项目范围和利益干系人列表; (2) 加强 EIM 的监管; (3) 调整 EIM/数据治理的章程; (4) 与数据管理专员和所有者审阅数据治理实施计划; (5) EIM/数据治理实施计划路线图; (6) 数据治理实施计划时间安排

图 12-3 活动总结(整合数据治理和其他相关的工作)

岌岌可危的项目是不会对外部治理开放的。然而,很多时候,我们发现数据治理介入到非常关键的项目中,这时如何利用和协同这些反对监管的力量就是一个很大的问题。大型的 SAP 或者其他 ERP 项目通常会被他们雇用的系统集成商植入数据治理的工作,事实上,你最好的朋友可能就是监管这些大型项目或者工作的系统集成人员,大多数的大型集成商(如埃森哲、德勤等)会在他们负责的每个工作中以某种形式引入数据治理的工作。

如果已经启动了 EIM 工作,并且数据治理也是在 EIM 办公室的领导下启动的,这时需要确保 EIM 的领导层知道这项工作,并且需要调整各项数据治理领域的章程,进而确保被监管的项目或者职能能够符合数据治理的章程。

每个被治理的项目或者工作都需要指定执行和负责的人员(如数据管理专员和监管者)。他们需要开展一个良好的、关于为什么被治理的讨论会议,并且你需要确保他们能够遵从培训和沟通计划。

最后,通过展示受治理的项目和其他相关的数据治理工作开发演进路线图。

4. 输出样例

图 12-9 展示了数据治理和其他工作之间的交互,这里的图 12-4 展示了一个典型的、综合了被治理项目和数据治理的演进路线图。

小贴士

无论这时决定要治理什么类型的项目或者工作,都可以把它纳入项目计划中。再强调一下,请提前看一下本章后面的图 12-9。相对于模糊的、只能猜或者了解大概的甘特

EIM职能	计划的EIM项目	2007年				2008年				2009年			
		1Q	2Q	3Q	4Q	1Q	2Q	3Q	4Q	1Q	2Q	3Q	4Q
项目管理和业务应用	项目准备和规划	■											
	正在进行的项目管理	■	■	■	■								
	识别需要修订的信息项目								■				
	识别协同流程												
	项目A	■	■	■									
	项目B					■	■						
	项目C							■					
	项目D									■	■		
变革管理	EIM变革计划的制订	■											
	EIM推广												
	EIM教育					■	■						
	EIM培训												
数据质量	数据质量剖析												
	数据质量支持——项目B					■	■						
	数据质量更正——项目C							■					
	数据质量支持——项目D								■				
数据治理	企业数据治理首次推广												
	EIM原则	■											
	EIM政策 —— 各项目												
	EIM 程序 —— 各项目												
	EIM标准 —— 各项目												
技术	元数据管理	■	■										
	数据模型工具												
	数据获取管理			■									
	ETL/EAI 工具的应用			■									
	仓储库/目录的首次推广						■	■					
	ETL/数据质量协同					■							
数据管理	主数据管理		■										
	BI/报表框架												
	企业数据模型										■	■	

图 12-4 典型的数据治理演进路线图

图,你需要设置可量化的目标。

需要一直强调数据治理是提供帮助的,提醒利益相关者你试图不影响或者尽量不影响当前的项目,这会非常有帮助。这不是新的事物,只是不同的做事方式。

12.3 活动:定义持续运营需求

在制订数据治理演进路线图的这个阶段,团队成员可能有扩展变革范围的想法,进而支持数据治理的落地实施和持续运营,特别是变革能力和信息资产管理能力的成熟度评估已经完成,在这个阶段要识别出哪些工作需要开展以支持数据治理长期目标的实现。为了推动数据治理需要组织变革管理计划能够协同推动组织文化的改变,本阶段的工作是识别这些文化相关的持续运营需求。

尽管在本阶段我们已经了解到哪些内容需要改变,但是依然需要开展关于利益相关者的影响分析,持续运营需求的制订需要根据这些影响分析。下面是从这些分析中能够获取的持续运营需求:

- 沟通计划;
- 教育和培训计划(根据利益相关者的类型和影响程度);
- 支持者的预期和指导方针;
- 针对高层领导个人的培训计划,争取他们能够有效地支持相关的变革;
- 相关阻力的管理计划和战术;
- 流程和政策协同计划;
- 组织结构、角色的重新调整计划。

所有这些因素形成了变革管理计划的基础,本章后面会进一步描述。

1. 活动总结

活动总结(定义持续运营需求)如图 12-5 所示。

2. 业务收益及其他

再次强调:数据治理或者其他相关的 EIM 工作失败的根本原因是没有意识到组织变革是需要被主动管理的。如果没有对组织数据治理相关活动(分散、不一致或者不存在)的当前状态向理想状态的演进过程进行管理,注定会失败,这不是懦弱的心理或者人力资源等方面的原因。

3. 实施方法关键思考

当前有很多变革管理相关的流程,所有这些流程都包含一些相同的元素,如果能够适当实施,这些元素都可以发挥积极作用,采用的方法如下。

- 关注参与(engagement)和管理组织。
- 遵循最佳实践并为相关行动提供量化分析的目标。
- 为规划、评估等提供简单的工具,为利益相关者或支持者提供帮助。

数据治理的"最佳支持者"是需要尽早就明确的关键的组织变革管理能力相关的"最佳实践"[①]。如果缺少具备深厚政治资源和能力的支持者推动所需变革,那么成功的几率会很低。同样,在大多数组织中,IT 没有足够的公信力(credibility)支持类似数据治理这类事情,努力寻求业务领导者的支持,持续推动,直到找到合适的人。

利益相关者分析需要考虑哪些人可能受到影响、影响程度有多深和他们可能的反应是什么等,提前了解人们可能的反应可以帮助你制订方法和策略应对他们的阻力或者争取他们的支持,这点非常重要。

---

① Prosci,"变革管理的最佳实践" Prosci,Loveland CO,2012。

目标	识别组织变革管理计划需要考虑的变革范围,进而支持数据治理在组织中长期执行
目的	确保已经考虑到数据治理持续运营相关的所有因素,并能够在组织变革管理计划中覆盖
输入	变革能力评估、利益相关者分析、信息管理能力成熟度评估(如果可能)
任务	(1) 开展/审阅利益相关者分析(或者同时开展); (2) 审阅信息管理的相关评估报告; (3) 开展变革能力评估(如果没有做); (4) 识别变革管理需要的资源; (5) 交叉检查点、变革能力和利益相关者分析; (6) 结合信息管理能力成熟度评估结果进行变革能力分析; (7) 开展利益相关者分析(如果需要); a) 识别数据治理的利益相关者; b) 开展 SWOT 分析(所有利益相关者); c) 完成利益相关者分析;、 d) 数据治理领导审批; e) 评估主要利益相关者的参与程度; f) 领导层(数据治理委员会或者支持者)审阅评估主要利益相关者的影响分析报告; g) 制订行动计划,提升利益相关者的参与程度 (8) 开展领导层协同能力的初始评估; (9) 确定变革的本质、范围; (10) 识别持续运营数据治理的量化分析和报表需求; (11) 识别高层的数据治理支持者; 描述支撑者领导变革的经验和能力; (12) 制订计划加强支持者的参与(如果需要); (13) 定义培训需求; (14) 定义沟通需求; (15) 准备变革能力报告; (16) 完成数据治理持续运营需求
技术	通过访谈评估领导层的协同能力 如果需要,则通过调研进行评估 通过 HR 支持组织变革管理能力
工具	变革能力评估调研 利益相关者分析指引
输出	(1) 数据治理持续运营需求; a) 利益相关者分析; b) 领导力评估; c) 量化分析和报表需求 (2) 参与持续运营的数据治理支撑者(不是设计的支持者); (3) 审批过的组织变革管理能力战略

图 12-5　活动总结(定义持续运营需求)

开放、诚实和经常沟通绝对非常重要,这不是简单的一些 PPT 就可以完成的。不同的利益相关者群体需要不同的内容、不同深度的沟通,并需要有反馈的渠道,沟通必须是双向的。只有当你知道人们在想什么或者他们的反应如何，才能"纠正"你的计划并解决问题。

管理阻力也很重要，阻力一直存在，不可被忽略，否则会影响所有工作和承诺。组织中会有多种层面的阻力，从公开敌对到被动响应等，重要的事情是了解人们为什么会反对并尝试处理这些问题。回答"这关我什么事"（WIIFM）是一个重要的组织变革管理原则，它可以帮助了解将要发生什么，并促使他们从反对转向支持。

如果你已经开展了一段时间，那么你已经习惯了各种形式的阻力。然而，对于新人来说，请牢记：很多数据治理认为很危险的行为（例如，部门中承担关键工作的数据库，通过Excel的方式复制数据到U盘）在组织中被认为是必需的和可接受的。保持积极主动的态度，识别有效的激励机制，提供数据治理收益和原理方面的培训，尽可能让人们参与到过程中。不要对工具有太高的期望，但是积极尝试之后还是需要部署工具。

4. 输出样例

由于篇幅限制，附录中包含了下列内容相关的样例和模板。

- 利益干系人分析表格。
- 变革能力评估。
- 领导层协同能力评估。
- 数据治理持续性评估指标。

小贴士

如果能够在定义持续运营需求和变革管理计划方面获得组织设计专家的帮助，数据治理团队将受益匪浅，很多人力资源部门中都有这样一个团队帮助管理变革，如果有，可以接受他们的帮助。

为数据治理找一个正确的支持者（如业务方面的）很重要，根据2003年以来PROSCI的最佳实践调查，正确的支持者是排名第一的成功变革管理因素，这个人在组织内部要有影响力和政治资源推动事情开展，越早争取他们加入越好。

12.4 活动：定义变革管理计划

在本节之前，我们讨论了定义需求，以及为了保证数据治理的持续性而需要开展的工作。一旦已经识别了这些需求，就需要制订数据治理变更管理的具体计划，一个全面的计划和可有效落地实施的任务意味着你可以通过这些工作提升组织关于数据治理方面的认识、理解和接受程度。

1. 活动总结

活动总结（定义变革管理计划）如图12-6所示。

目标	识别实施和持续运营数据治理相关流程、功能所需要的任务和时间点
目的	确保有相关的流程、量化分析和监控等机制保证数据治理能够融入组织的文化中
输入	数据治理持续运营需求、利益相关者分析、数据治理演进路线图、变革能力评估
任务	(1) 定义数据治理可持续性成功的条件； (2) 定义和设计持续性的分析指标； (3) 识别组织变革管理团队成员； (4) 识别各种类型的阻力（如公开的、消极的等）； a) 制订阻力的响应方法； b) 制订阻力管理的计划； c) 审阅和批准阻力管理计划 (5) 定义并调整员工绩效目标和奖励机制，以适应新的工作要求； (6) 开发数据治理持续性运营的检查表； (7) 制订组织协同行动计划； (8) 识别和设计变革评价指标； (9) 定义反馈和监控方法； (10) 制订员工岗位调整方法（如果需要，可以请 HR 参与）； (11) 制订沟通和培训计划； a) 制订数据治理沟通计划； ⅰ. 识别受众； ⅱ. 制订沟通内容和主题； ⅲ. 定义沟通渠道； ⅳ. 定义时间、频率和交付方式； ⅴ. 审阅和批准沟通计划； b) 制订数据治理培训计划； ⅰ. 识别受众； ⅱ. 定义培训的深度和广度：入职培训、教育、深度培训； ⅲ. 定义培训方式； ⅳ. 定义时间、频率和交付方式； ⅴ. 审阅和批准培训计划
技术	通过对组织协调行动计划相关的访谈进行评估
工具	组织变革管理计划模板 沟通计划模板 培训计划模板 组织协同行动计划模板 数据治理持续性检查表模板
输出	(1) 具体的组织变革管理任务列表和时间计划； (2) 组织变革管理团队； (3) 沟通计划； (4) 培训计划

图 12-6　活动总结（定义变革管理计划）

2. 业务收益及其他

制订系列工作任务,确保数据治理能够持续对关键的行为变革进行主动的管理,正如之前所说的,很多组织认为部门中对关键工作相关 Excel 文件的处理方式是可接受的,但是数据治理认为这是工作开展中的绊脚石。因此,好的变革管理计划需要确保这类事情能够得到解决和克服,然后快速采用新的方法,尽早体现相关收益,减少组织行为变革过程中的干扰。不要低估低质量管理的破坏力和成本,这些内容可能不会体现在资产负债表中,但是它们一直存在,还可能是一个巨大的数字。

3. 实施方法关键思考

当制订沟通计划时,可以尝试把人员和"变革曲线"关联在一起,从基本有意识到理解、接受和承诺等阶段(图 12-7)。

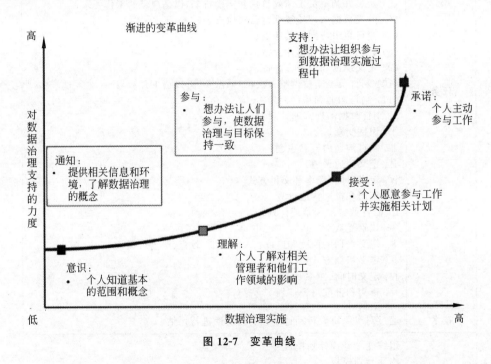

图 12-7　变革曲线

这需要时间和反复强化让人们能够按照曲线逐步提升。需要分析你所有的听众,考虑变革对他们的影响程度,你想传达哪些关键信息(以及谁传达这个信息),传达信息的顺序、时机和媒介。一般来说,"蓝图"等方面的内容应该来自高级管理层,而日常流程和程序的更改最好来自直接管理层或监督层。同样,计划收集你的消息接受程度方面的反馈内容,记住,交流都是双向的;在传递你的消息的同时要注意倾听,然后证明反馈已经被听到并将付诸行动。

当首次推出数据治理体系的时候,非常重要的一点是需要明确具体改变哪些内容,进而帮助准确了解相关影响,知道需要启动什么、停止什么和继续什么等。不能或者不愿意在这方面进行明确,会导致人们感到沮丧和困惑,并且延迟人们的变革曲线或者彻底毁掉整个工作。因为数据治理对组织来说是崭新的(假设这是你第一次开展这方面的工作),因此需要有非常成熟的教育和培训机制确保人们了解并熟练掌握各自工作所需的技能(可能部分技能是新的)。确保你的程序是全面的,从通用到具体,从原理和数据治理业务案例到具体的技能或者所需的知识。虽然只有一部分人需要非常特定的信息,但是整个组织(或者实施)将从相关的"蓝图"中获得收益。

度量和评估是变革管理方法中的两个重要组成部分,在这个阶段应该已经开展了一些评估,如变革能力评估和利益相关者分析等。此外,依然需要更具体和特定的数据反映相关的变革管理工作是否完成预期的目标,包括消息是否被传达到,培训是否有效等。一般情况下,你需要完成以下工作:

- 评估初始目的和目标的完成情况:在业务案例中会有概要的描述(参见数据治理度量和监控一章)。
- 评判沟通的有效性:验证关键信息在组织中的接受程度。
- 判断教育和培训的有效性:评估教育是否为目标受众提供了在新环境和新领域取得成功所需的技能。
- 评估变革接受的速度:检查对新原则和政策的接受速度和抵制强度。

4. 输出样例

由于篇幅的限制,下列模板体现在附录中。

- 沟通计划模板。
- 培训计划模板。

小贴士

正如之前所说,数据治理会引起很多阻力,但你不能忽视它。阻力通常出现在连续体(continuum)上,从明显的支持、倡导到公然的敌对,两个端点的阻力都很容易识别,但是需要关注消极的抵制者,他们不公然说出来,所以很难识别。确保计划中包含相关的任务和时间了解和处理可能遇到的各种阻力,你的数据治理工作绝对会从中受益。

同样,确保变革管理计划能够和总体的数据治理演进路线整合在一起。变革管理工作不是独立开展的,将其与数据治理整体工作协调一致至关重要。

12.5　活动:定义数据治理运营实施计划

当然,你不能仅对每个人宣布:"数据治理来了!"然后就等着相关工作的开展。通常情况下,制订一个像这样的演进战略非常容易,无论你的意图多么美好,数据治理的演进过程都会很容易地认为是对组织强制的改变。记住,你需要治理一些事情,最好的方式是从小处入手,一个项目或者一项工作,这并不意味着你需要为每项工作都设置独立的数据治理体系,你需要在各个项目之间进行协同,进而确保企业级数据治理的实现。数据治理的演进计划需要包含一些规划。

演进战略中很关键的一部分是让数据治理组织全力推动一些数据治理的工作。通常情况下,利益相关者被邀请参加相关培训,然后被告知需要等待机会开始治理。因此,本项活动不仅是定义数据治理实施中的增量事件(the incremental events),也需要明确这些事件中将要发生什么,同时也要根据演进方法的推进细微调整组织结构。

1. 活动总结

活动总结(定义数据治理运营实施计划)如图 12-8 所示。

目标	定义数据治理实施中的增量流程
目的	确保数据治理能够融入组织的日常工作中
输入	数据治理运营模型
任务	(1) 制订数据治理管理需求; (2) 如果需要,则修订数据治理章程、愿景; (3) 定义和细化数据治理组织的定位; (4) 识别需要立刻执行的数据治理任务; (5) 定义数据治理演进路线图
技术	项目计划和协同
工具	Excel、Project Management
输出	(1) 每天数据治理工作列表; (2) 修订后的数据治理章程; (3) 调整后的数据治理组织; (4) 数据治理演进计划; (5) 演进路线图

图 12-8 活动总结(定义数据治理运营实施计划)

2. 业务收益及其他

数据治理的成功和持续性需要早期的可见性,这需要完成两件事情:

- 数据治理参与者能够获得有价值的经验,组织能够完全开放给数据治理。
- 数据治理早期工作中获得的反馈能够体现出需要对培训、人员或者数据治理运营模型的调整需求。

3. 实施方法关键思考

可以设计数据治理相关的管理活动,但是除非已经开始实施,否则永远无法确保它们能够达到预期。定义正在进行的数据治理的可管理的方面和一些具体的、立即可执行的活动需要很长时间,从而能够不断优化和推动数据治理的持续性发展。

当开始了解数据治理的一些运营细节和定义初始的数据治理任务时，也可以调整数据治理的其他方面和章程。

4. 输出样例

图 12-9 展示了如何在一个大型项目中协同开展一系列短期的数据治理任务，同时推动整体数据治理的实施。注意，图中的一些活动反映了变革管理的任务以及相应的治理活动。

1月	2月	3月	4月
启动公司级数据认责			
初始培训——面向数据治理委员会	信息管理/数据治理的各项能力评估报告	已实施的数据治理/信息管理推行计划	数据治理/信息管理/企业架构 差距分析和框架设
初始培训——面向数据保管人和管理专员	组织变革管理初步需求		
	数据治理运营培训需求——如何行动；新的流程和行为改变		
相关方评估		优化数据治理/信息管理组织	已实施的数据治理/信息管理推行计划
沟通机制需求	经批准的数据治理原则和政策		
培训需求	数据治理组织的正式启动	数据治理持续运营的检查点	优化数据治理/信息管理组织
经论证的数据治理/信息管理职能模型和章程	变革管理需求终稿		
企业数据管理专员/保管人的人员清单	沟通计划终稿	数据治理/信息管理度量和反馈计划终稿	数据治理委员会会议
经论证的Farfel公司数据治理原则和政策	培训计划终稿	企业参考数据管理方法	数据保管人/管理专员会议
企业数据管理专员/保管人的任务清单	推行计划终稿	定义对软件开发生命周期/敏捷方法的修改，融入数据治理	企业参考数据管理方法
首次面向企业数据管理专员和保管人的集体指导		经评审的企业指标目录	经评审的企业指标目录
			执行数据治理组织变革计划
			数据治理工具和流程推行
数据治理委员会初始任务	数据治理委员会初始任务		
处理初始问题、验证问题升级流程	评审ERP/数据治理的交互职责矩阵		
ERP项目接口一致性问题	评审ERP问题清单		
物料/库存定义问题			
Sharepoint管理问题	数据管理专员/保管人初始任务		
评审信息管理/数据治理职能（依据V模型）	参加培训		
参加数据认责和保管员培训（以身作则）	处理初始问题、验证问题升级流程		
	与数据仓库升级相关		
	与企业数据模型使用相关		
ERP项目支持			
数据治理与ERP项目的集成	ERP 数据治理 职责矩阵（RACI）实施	ERP数据流/接口支持	ERP/数据治理组织变革整合计划
ERP与数据治理的交互职责矩阵（RACI）	ERP 相关的企业数据模型	ERP指标和业务信息需求支持	ERP/数据治理委员会领导层协调会议
ERP/数据治理相关方分析	经确认的ERP数据管理专员/保管人名单	ERP职能和服务支持	
ERP主题域定义和数据治理范围定义	ERP数据流/接口支持	ERP数据质量标准	
ERP相关的企业数据模型	ERP数据质量标准	ERP主数据标准	
ERP指标和业务信息需求目录	ERP主数据标准		
ERP数据质量标准			
ERP主数据标准			

图 12-9　Farfel 公司数据治理推行计划

小贴士

在本项工作中需要采取以交付成果为导向的方法，即使正在推动一个可持续的数据治理项目，依然需要团队成员制订各个工作成果和开发相关的交付物。对于一个参与数据治理工作的新人来说，参与一个具体的工作并不难，他们将在过程中不断学习新的知识，了解数据治理的概念，并快速成长。

因为这是数据治理实施团队、数据管理专员和被治理的项目之间产生交集的第一部分工作，如果能够定期举办检查会议，会非常有帮助，这是一个了解反馈意见的好的方式，也能及时发现相关阻力，避免产生更糟糕的后果。

12.6　总结

这里需要有意识地推动"持续的"数据治理，否则数据治理会落入之前数据管理工作一样的陷阱，这就是为什么组织变革管理是非常重要的原因。然而，数据治理的利益相关者同样需要以正确的方式开展工作，如果数据治理团队为各个工作组提供培训之后就什么也不做,等着事情的开展,这将是对数据治理工作的致命一击!

本阶段工作是数据治理和实际工作领域产生交集的第一步,一个没有列入任务列表或者工作产品的概念就是需要观察数据治理团队、利益相关者和被治理方的活动和反应。可以确认的是,在实施过程中一定会有迷茫、不理解或者没有达到预期的地方,团队必须对表面之下发生的事情保持足够的敏锐,确切了解真正发生了什么以及我们希望发生什么。

第 13 章

推广和运营

大多数人都在埋头工作，却忽略了内心。

——科特和科恩

13.1 概述

本章覆盖数据治理的运营部分，这里可能需要重复的是，这不是线性流程的最后阶段，而是生命周期中的最后一步，这项工作永远不会结束。像数据治理本身一样，推广和持续运营代表了数据治理每天的活动。

本章的形式和之前有些差异，因为需要深思熟虑的工作并不是特别多，重点是执行。一些章节会继续采用第 6~12 章的形式，其他部分则有所不同，因为除了数据治理专业人员已经熟悉的内容外，并没有什么特殊的技术或可交付的东西要考虑。其他就是关于数据治理运营方面的一些讨论或者场景的展示。

本阶段代表了一系列转变，在组织能够真正把数据当作资产对待的过程中需要很多转变。被治理的项目需要转变，相关项目计划要调整，数据治理工作本身也需要转变，数据治理实施团队需要转变为运营模型，这表示要从"项目"中跳出来，投入具体的运营过程中。

无论何种形式，接下来的章节中都包含一些非常重要的建议、提示和技术。你的数据治理工作是否达到目标（遗憾的是，最初的几次尝试都会面临很多挫折），当你努力推广和推动数据治理，进而促进组织中所有人员能够自然而然地把数据当作资产对待的时候，需要理解这是学习曲线成长的自然过程，在这个过程中始终需要有意识的、积极的推动力。

本阶段的所有活动都将并行开展，本章将介绍所有以组织方式开展的行为，我们可以很容易地制作出一个庞大的任务列表，但这很难理解。

13.2 活动：数据治理运营实施

在本项活动中，数据治理团队不仅是遵循演进路线图开展数据治理的实施工作，同时也需要从数据治理设计团队转变为运营团队的一部分。在很多组织中，特别是大型的组织，需要建立某种形式的中央机构，这也是数据治理的核心，希望这是设计的一部分。即使在一个非常大的组织中，这也可能是一个人或者几个人代表"集中的"管理专员，这个团队可以是虚拟的，也可以汇报给某个职能部门，无论怎样，这个角色就是确保数据治理能够按照设计的模式展开工作。流程概览和活动概览分别如图 13-1 和图 13-2 所示。

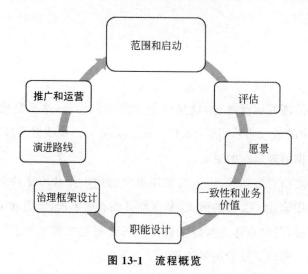

图 13-1　流程概览

图 13-2　活动概览

1. 活动总结

活动总结(数据治理运营实施)如图 13-3 所示。

2. 业务收益及其他

在这个活动中可能有一种"太多太快"的感觉。然而,这是一系列需要发生的事件,而这些任务的安排取决于你和你的组织。

3. 实施方法关键思考

根据图 13-3 判断,这里包含了数据治理的大量工作,但是实际上这些都不是一次性工作,它们代表了数据治理工作的高标准起点,在这之前,大部分准备工作都已经完成。记住,我们同样还会有大量的职能和流程,理想情况下,应该整理所有可能的信息资产管理和数据治理相关的职能(参见附录)。

目标	以持续运营的方式开展数据治理的工作
目的	从数据治理设计阶段转入运营
输入	数据治理之前所有的交付物
任务	(1) 完成新的数据治理团队成员的识别和教育; (2) 数据治理的宣贯,重点针对 IT 和合规领域; a) 为新的数据治理管理者提供培训; b) 审阅数据治理章程; c) 为新的数据治理成员介绍数据治理的章程和原则 (3) 向数据治理团队介绍持续性的治理活动和利益相关分析报告; (4) 向管理层介绍数据治理组织(如果之前没有开展); (5) 制订数据治理团队、委员会和管理层的介绍、培训和教育方面的计划; (6) 数据治理团队职能和演进路线图中项目协同关系的映射; (7) 确保评估效果能够被理解,项目管理实践已经准备好; (8) 首次推出数据治理相关职能; a) 数据管理专员和相关管控项目的启动; b) 数据治理组织的启动; c) 开始数据治理的路演; d) 发布指导手册和原则列表; e) 开展数据治理政策和流程的宣贯和培训; f) 发布、实施数据治理和 SDLC 的集成文档; g) 制订和实施数据治理审计流程培训; h) 启动数据治理审计流程; j) 识别和定义持续运营阶段其他的活动 (9) 开展数据治理工作绩效评估; (10) 实施数据治理工具和技术; (11) 实施数据治理操作; a) 推动并加强和变革管理的互动; b) 完成并审阅审计报告; c) 开展数据治理框架要求的操作和功能——数据治理委员会

图 13-3　活动总结(数据治理运营实施)

	(1) 验证数据治理团队对相关内容的接受程度;
	(2) 理解数据治理团队各个角色对组织的作用;
	(3) 数据治理组织的高效运行;
	(4) 数据治理章程;
	(5) 培训后的员工;
	(6) 培训后的管理层团队;
	(7) 培训和介绍;
	(8) 重新定位;
	(9) 工作职责描述;
	(10) 数据治理管理的项目;
	(11) 数据治理工作启动;
	(12) 数据治理路演;
输出	(13) 数据治理原则和政策;
	(14) 数据治理培训;
	(15) SDLC 的修改;
	(16) 数据治理审计流程培训;
	(17) 数据治理审计过程;
	(18) 其他所需的活动;
	(19) 数据治理绩效指标定义;
	(20) 数据治理和持续运营绩效指标的对比;
	(21) 绩效指标介绍;
	(22) 绩效评估指标收集机制;
	(23) 实施中的绩效评估指标用于评估数据治理和信息资产管理的效率;
	(24) 数据治理工具;
	(25) 数据治理的持续运营

图 13-3 （续）

大多数时候,在定义和收集数据治理的度量指标方面需要有更多的创造力,因为你需要的大部分数据可能并不存在,所以需要通过调研或者根据成功的信息解决方案和业务结果定义相关度量指标(例如,每个信息工作者的总收入)。

4. 输出样例

因为你正在实施数据治理的工作,所以有很多工作成果需要展示,最重要的例子是绩效评估报告。图 13-4 展示了一系列能够评价数据治理效率的度量指标,这是《业务驱动的企业信息管理》(Morgan Kaufmann,2010)一书中的样例,但是我们进行了一些简单修改,更加适用于数据治理,同时也根据应用场景对这些指标进行了排序,展示了如何收集这些指标,对各个指标提供了更详细的信息(如果需要),并增加了关于实施方面的备注(如果需要)。所有这些指标都是经过验证的,在很多案例中,即使企业对开发评估信息资产管理的指标犹豫不决,我们依然采集相关数据并制订度量指标。

5. 关键数据治理度量指标列表

在设计数据治理度量指标之外,还需要花大量时间进行推广,不要拒绝一遍又一遍地展示相关内容,在人们能够理解你所需要沟通的内容之前,你需要重复很多次(理论研究表明至少需要六次,实际上可能是十次),特别是这些内容代表了改变。后面会介绍推广过程中所需内容的概要。

数据治理评价指标	指标定义	采集方式
评估数据质量工作的效果		
出现质量问题的数据数量	存储的数据中不正确字段的数量统计	工具或者例行程序
不准确数据的百分比	数据不正确,但是在一定的百分比之内	工具或者例行程序
不正确的关键数据的财务影响		
数据错误会导致财务报表出现错误(如库存点的丢失)	关键字段错误会对组织的财务造成严重影响	
因为 NN% 政策相关的数据包是错误的,所以全部的风险储备金是¥¥¥		工具或者例行程序
有风险或者包含潜在破坏信息邮件的百分比		计算
错误的产品目录和低质量的内容导致在线订单流失或者产品丢失等方面的成本		计算
政府部门或者承包商方面损失的资金		计算
由于数据问题导致客户信心降低		计算
数据质量剖析结果:完整性、准确性和相关性的比率	根据预定规则对数据问题按照主题域进行分析	工具或者例行程序
年度数据质量索引	每年数据质量度量指标和剖析结果的索引	工具或者例行程序
评估数据治理功能的执行效果		
按照生命周期阶段对数据进行统计(如交易阶段、运营阶段和分析阶段)	按照组织数据生命周期阶段的划分,对各个阶段的数据或者文档进行统计和汇总	例行程序
记录和数据化生命周期时间点	数据在应用阶段停留的时间(如事件或者交易),在转移到下一个阶段(如管理报告)之前,这些内容在需要时是否可被获取,在不再使用时是否能够被移除	例行程序
信息目录的变化	维护的内容目录和实际信息目录之间的对比	例行程序
互联网工具的点击率	数据存储库、元数据、血缘分析工具、数据治理工具、协作分析、BI门户和相关工具的点击率	例行程序
经过数据治理审批的项目的比率	比较经过数据治理管理的项目和总投产的项目	计算

图 13-4　数据治理度量指标样例

数据治理评价指标	指标定义	采集方式
数据治理的认可和理解	受数据治理影响相关人员调研中的反馈结果	计算
数据治理中数据标准的使用次数	统计数据治理中的标准元素,如参考数据、主数据等的使用次数	例行程序
主要数据被确认的比率	被治理、审阅有认可的权威源头的数据主题或者数据源的比率(如客户主数据中存储的客户数量)	计算
评估数据相关的法律、合规风险		
每个主题域潜在的罚款	每个主题域可能的罚款总额,如客户主题域	计算
市场、利益相关者信心的降低	如果数据造成市场信心降低,就评估股权价值的损失额度	计算
数据或者文档不合规导致的诉讼费用	组织在数据相关诉讼方面的花费	计算
数据质量导致的系统死机时间	由于数据引起的系统死机相关的财务影响	计算
隐私相关的法律费用	组织应对隐私相关问题的费用	计算
相关的监禁风险以及对企业的影响	惩罚和诉讼相关结果的设想	计算
评估数据相关的财务风险		
信用风险	由于数据问题引起的信用组合损失	计算
流动性风险	潜在的流动性资产方面的损失	计算
运营成本	运营方面可能增加的成本	计算
储备金、留存收益、企业商誉等方面的变化	由于数据问题引起的相关变化	计算
市值的损失	由于数据问题导致市场信息降低,进而降低企业市值	计算
评估数据治理对业务目标的共享		
每年的运营收入除以"信息工作者"的数量(信息工作者是指依据信息开展决策和采取行动完成目标)	每年收入的变化除以在相关节点或者分析中使用数据的员工	计算
每个主题域相关的价值	基于准确性、相关性、数据质量和及时性等方面计算每个主题域价值的加权分值	计算
评估数据治理工作的效率		
激励和绩效	数据治理绩效相关的活动或者交付物的数量	
数据治理或者数据质量激励相关的总数量		计算

图 13-4 (续)

数据治理评价指标	指标定义	采集方式
任职培训和公开培训的参加者数量		计算
数据治理委员会处理的问题数量		计算
和数据治理目标群体一起进行的绩效评估数量		计算
信息资产管理相关工作职责说明书修改的数量		计算
信息资产管理相关的绩效报告		计算
应用	数据和信息资源相关应用场景的数量	
可信数据源的用户数和查询次数		计算
部门内部的 Access 数据库和 Excel 表格的使用减少		计算
BI 中分析报告的使用数量		计算
评估数据治理的效果		
IT 的总投入除以主题域数量	企业 IT 方面的预算除以管理的数据主题域数量	计算
数据治理和合规相关的成本除以总收入	每年的数据治理和合规相关成本除以总收入	计算
数据治理和合规相关成本对比相关的风险准备金和保险费用	每年的数据治理和企业合规相关成本除以公司风险数量,以及风险准备金和公司保险费用之一	计算

图 13-4　(续)

小贴士

在推广和培训方面我们有一些经验法则,这些都是我们独有的。

(1) 很多人可能不会马上理解。在信息管理领域(或者说数据治理领域)有很多概念比较陌生(大部分是因为这些概念没有得到正确展示,而这恰恰是我们应该做的)。数据治理实施过程中需要重视这些工作并有足够的耐心。

(2) 采用听众易于理解的语言,没有人会因为你高深的术语而感到印象深刻。

(3) 采用你自己组织中相关的样例和故事介绍,这样更容易理解。在他们开始改变之前,需要了解怎样才可以融入将来数据治理的环境中。

小贴士

这里有一些真正的成功要素需要参考:

(1) 明确的、真正的支持者。

（2）业务一致性。

（3）企业数据治理的范围，局部关注点。

同时需要持续强调数据治理是提供帮助，而不仅是监管。数据治理是确保信息资产能够被良好地管理。数据治理工作启动之后，需要（希望如此）融入每日的工作中。

13.3 活动：执行数据治理变革计划

本项活动让组织的数据治理正式启程。你已经完成了组织变革管理的评估和规划，数据治理正在实施，本项活动中的任务随着数据治理的推广而并行推进，这是变革管理计划的执行阶段。

每个数据治理团队都会遇到一些类似的问题，在变革计划执行中必须解决这些问题，图 13-5 对这些问题进行了总结，一些粗暴的言语已经被移除。

遇到的问题	数据治理团队的处理方式
你在延迟我们的项目	数据治理团队需要提供指标证明没有影响
为什么不能像过去一样让××帮我下载一个文件？	数据治理团队需要提供培训让他们了解需要遵守信息资产管理政策
这会浪费我们多少成本？	数据治理团队需要指出没有投入就没有产出

图 13-5 问题的应对

1. 活动总结

活动总结（执行数据治理变革计划）如图 13-6 所示。

2. 业务收益及其他

你的组织当前可能已经花费了大量的时间、金钱开发数据治理体系，在数据治理首次实施的过程中，高效和一致地执行组织变革管理计划是确保投资没有浪费的重要手段。

3. 实施方法关键思考

再次重复一下，开篇引用科特和科恩的用语意图是描述一个所有变革工作都会遇到的重要的事实：企业有一种倾向，习惯忽视改变所带来的令人恐惧的词或者负面情绪的事实。这些事实是一直存在的，任何改变，无论多小，都会不可避免地引起人们感情上的反应，可以通过良好的计划和强有力的执行最小化这些影响，但是不能清除。所以，当首次推动数据治理实施时要意识到这一点，像我们之前所说的，这里需要行为变革，这些变革会带来受影响群体的情感反应，所以，当执行组织变革管理计划支持数据治理工作的时候，需要争取下列成功因素。

目标	顺利完成之前定义的变革管理计划中的任务
目的	确保组织能够理解并且准备接受成功数据治理所需要的变化
输入	变革管理计划,包括沟通计划、培训计划、阻力管理计划、员工转岗计划、反馈收集和分析方法、组织协同计划、变革评估指标等
任务	(1) 沟通计划; a) 细化用于培训、入职和宣贯的相关材料; b) 沟通速赢的工作成果 (2) 培训材料的制订和实施; a) 细化培训材料; b) 准备环境并且安排时间节点 (3) 员工转岗到新的角色(如果需要); (4) 收集反馈意见并分析结果; (5) 开展领导层协同能力评估; (6) 监测并管理遇到的阻力; (7) 数据治理持续运营检查清单的实施; (8) 如果需要,则发展其他的支持者; (9) 执行组织协同行动计划; (10) 过程评测; a) 沟通进展和评估对领导层汇报的频率; b) 识别问题并制订行动计划进行主动管理 (11) 实施新的责任和绩效目标
技术	访谈(领导力评估、持续运营检查),关于变革执行、问题解决和培训交付等方面的调研(面对面、网站、问卷等),各种沟通媒介(会议、网站、邮件)
工具	领导力协同能力评估、反馈收集问卷
输出	数据治理工作能够被顺利执行

图 13-6　活动总结(执行数据治理变革计划)

- 争取关键的支持者。我们在第 12 章已经说过,再次强调,这很重要。

- 认识到频繁和开放的沟通是重要的。组织通常会由于害怕员工有负面情绪反应而隐藏相关信息,进而产生员工不知道对他们有什么影响的错误认识,而变革也会非常快速地完成,但是所有这些都会导致各种谣言以及组织的动荡。

- 认识到这里需要"心理"上的改变。了解员工将如何反馈对数据治理积极应对是很重要的。

- 清楚而且具体地表达需要改变什么,这些改变的意义是什么非常重要。在不能清楚地了解需要改变什么之前,人员不会进行改变。

- 不要忘记借助绩效目标和职责的管理。改变不会发生,除非人员明确自身在行为变革中的职责。

在组织变革管理计划执行过程中的一项重要工作是监控组织对变革的接受程度。在首次推动一项工作之前,确保提供计划中的沟通和培训,帮助大家心理上准备到位之后再继续推动。在对结果进行分析的时候,常常会发现一些问题,对这些问题进行优先级排序,制订关键问题的应对计划,持续推动工作的开展。在过程中需要阶段性地进行评估(如 30 天、60 天、90 天,甚至 120 天),并及时处理发现的问题。你应该看到变革接受能力在不断提升,并能够判断什么时候不再需要进行评估。

4. 输出样例

附录中展示了数据治理首次推出之前、之后的调研问卷模板。

小贴士

在这个阶段,你可能会困惑为什么需要花费这么多时间应对组织对数据治理所带来变化的可能反应。坦白讲,你可能很好地处理了数据治理实施过程中各种可能的场景,但是如果没有很好地管理组织中出现的负面情绪,并且在组织变革管理计划中也没有相应的处理机制,那么你很难推动工作持续开展。为什么?因为每个不了解数据治理必要性或者感觉在开展数据治理过程中受到约束的人都会不断制造各种困难阻碍相关工作的开展,所以你需要时间和资源实施组织变革管理计划支持数据治理的工作,进而才会看到预期的成果。

13.4 活动:数据治理项目管理

本项活动是执行具体的治理工作,在数据治理工作上线之后的几个月内,本项活动主要是确保数据治理的项目能够被管理、持续性工作能够开展、教育和培训工作能够按计划开展、问题能够被处理等。随着时间的推移,本项活动将开始评估数据治理的职能,虽然在启动的时候会有很多考虑,但是持续运营阶段是长期的。

鉴于项目管理方面,可以从各种来源得到大量资料,本项活动重点关注数据治理相关的活动和任务。

1. 活动总结

活动总结(数据治理项目管理)如图 13-7 所示。

2. 业务收益及其他

在这个阶段,数据治理的意义和影响非常明显,变革管理相关的活动也需要同步开展。同样,沟通、培训和阻力管理等工作也非常重要。

3. 实施方法关键思考

本项活动会和本阶段其他的工作同步开展,需要重点考虑的因素可能就是组织内是否设置有 PMO,PMO 是在已进行项目中开展数据治理的重要帮手,这样更容易推销理念、监控进度和证明价值,因为很多组织中的 PMO 仅是一个名字,这里假设这些 PMO 都是高效的。

目标	开始治理被选中的项目和工作
目的	在组织中开始数据资产的管理工作
输入	识别出的可被治理的项目和工作,并根据需要获取前期全部工作成果
任务	(1) 项目管理委员会主要成员的培训; (2) 在数据治理工作开展过程中借鉴 IT 管理方面的最佳实践; (3) 制订项目治理相关模板; (4) 选定数据治理项目评估工具; (5) 制订数据治理跟踪和审计 IT 项目的程序; (6) 预估数据治理项目的资源; (7) 修订后 SDLC 的实施; (8) 和企业 PMO(项目管理办公室)进行交互(如果存在)
输出	(1) 数据治理持续运营方面的意识; (2) 数据治理和 IT 项目相关最佳实践的融合; (3) 数据治理项目管理模板; (4) 数据治理项目评估; (5) 数据治理工作的跟踪; (6) 数据治理的资源; (7) 数据治理相关的交付物; (8) PMO 和数据治理之间的交互

图 13-7 活动总结(数据治理项目管理)

针对被治理的任何一个项目和工作来说,数据治理实施者需要精心准备治理的本质、扩展和方式等。例如,商业智能项目可能更关注正确的数据相关内容和工具,主数据项目需要关注数据标准之外,还需要关注数据质量和业务流程变更等内容。

13.5 活动:确认数据治理运营及效率

所有努力的成果都需要验证是否达到预期的目标,无论计划如何详细,数据治理实施过程中肯定需要在流程、强度和结构等方面进行调整。本阶段的工作主要是评估数据治理运营或者影响的各个领域的状况。

1. 活动总结

活动总结(确认数据治理运营及效率)如图 13-8 所示。

2. 业务收益及其他

数据治理支持企业信息管理工作及项目过程中会有很多交付物、成果和交互,这也是业务得以提升并开始把数据资产融入业务开展过程的地方。数据治理将会提供业务需要的管理,更有效的方法是重点支持需要利用公共数据和内容,并共享公共系统组件等方面的工作。注意:这里说的是会,而不是应该。数据治理是 EIM(企业信息资产管理)的一部分,EIM 是组织信息资产管理方面正式的职能,即使通过主数据项目或者数据仓库项目已经做了一些类似的工作,也只是在做企业数据资产的管理工作。因此,评价数据资产管理工作的效率,同时也需要检测变革管理工作的效率。

目标	确认数据治理工作的效果
目的	如果需要,识别需要更正的工作
任务	(1) 评估组织架构; (2) 确认相关工作和人员的效率; (3) 确认数据治理框架和流程的效率; (4) 验证政策和流程; (5) 审阅激励机制; (6) 确认数据治理的效果 a) 监测和汇总数据治理持续运营度量方面的指标; b) 执行数据治理监测方面的调研(如果已经设计); c) 举办分组讨论/访谈来收集反馈; d) 执行变革集成方面的检查; e) 变革集成和采纳程度的评估; f) 受影响的政策/实践和程序之间的重新协同; g) 修订员工绩效目标和奖励机制
输出	(1) 验证数据治理组织; (2) 验证角色转岗机制; (3) 验证运营框架; (4) 验证相关政策; (5) 验证相关的激励机制; (6) 修订数据治理激励机制; (7) 效率报告; a) 数据治理积分卡报告; b) 数据治理调研; c) 数据治理关键群体反馈; d) 数据治理持续性检查清单; e) 变革采纳度评估; f) 修订数据治理政策

图 13-8　活动总结(确认数据治理运营及效率)

3. 实施方法关键思考

本项活动是对确认材料和检查点等相关信息的收集,其中所有任务的关键就是如何收集可信的数据,然后根据这些信息进行加工,并按照设计好的模板产生相关的评估报告。

小贴士

必须确保企业信息管理相关的各类工作和项目能够定期汇报进展和工作成果,持续汇报信息资产管理价值非常重要,除非数据资产的价值已经得到企业文化的认可,并融入企业中,汇报阶段性成果和进展是获得支持的必要手段。你可能设计了世界上最好的数据治理体系,但是如果不告诉别人,仅是"自吹自擂",那么它就没有任何价值!

13.6　总结

推广和运营活动的本质是变革管理和数据治理管理活动的执行,确保两者可以正常开展。"变革无处不在,即使在技术和经济方面已经非常合理,最终的成功或者失败取决于人们是否可以采用不同的方式开展工作[①]"。

变革管理主要是处理人们在接受新生事物过程中的各种情绪,"比其他任何发现都重要的是,在某个项目中人们产生改变,较少是因为事实或数据改变了他们的想法,而是因为项目中的一些深刻经历改变了他们的感受,情绪管理是很多成功的变革管理故事的一部分,同时也是失败项目中所缺少的。大多数人仅是随着经验工作,缺少对内心的关注[②]。"

数据治理需要覆盖信息资产相关的各类工作和项目,这意味着需要整合数据治理和其他相关的工作,其中 PMO 是推动数据治理实施的很好的手段,如果没有 PMO,数据治理委员会需要确保数据治理能够覆盖各项工作。

最后,需要监控数据治理管理的各项工作和项目中数据治理流程的效率,定期收集监测的 KPI 数据和企业信息管理相关项目的工作成果非常重要。

---

① William Bridges,过渡管理(Cambridge,MA:Perseus Books Group),2003.

② John P. Kotter and Dan S. Cohen,变革本质:组织变革中的真实故事(Boston:Harvard Business School Publishing,2002),Kindle edition.

第 **14** 章

数据治理工具和交付物

我不是仅局限于事实而发表意见的人。

——马克·吐温

生活中你所需要的只是无知和自信，然后成功就自然而来。

——马克·吐温

本章将简要介绍数据治理方面的自动化工具以及相关交付物。如果认为数据治理是一项组织职能，并且这样开展了工作，或早或晚会发现自己将被淹没于各类被治理工作相关的文档和交付物中，当然，这也是数据治理的必要组成部分。

根据与公司管理者或很多大型组织的文件经理的沟通，对政策、规则、手册、站点等相关内容的维护和跟踪需要耗费大量精力，并且需要正式的管理。经过一段时间之后，数据治理工作需要维护自身的交付物，同时也包括信息管理工作相关的内容，最佳示例就是数据治理相关政策文件的管理。在大多数组织中，你不可能在不违反政策的情况下改变众所周知的"死猫"（有些甚至还在运转中）。根据经验，潜在的管理问题可能影响数据治理的持续性。

在本书的调研过程中，作者和几个数据治理工具供应商讨论了产品的方向，这个调研发现了很多好的思路，但是没有采用一致的、全面的术语或者方法，这是一个问题，因为信息管理工具和技术相关各个消费者的一个长期困扰就是如何在不同的产品和供应商之间保持政策、原则、规则等方面标准定义的一致性。所以，在本书中介绍产品以及相关功能会引起混乱，并且也不可能保持相关内容的时效性。因此，我们将展示一些需要关注的基本框架，如何确定跟踪的机制是什么。接下来你可能使用一些或者全部的交付物，本章将展示数据治理交付物的清单以及如何实现等方面的内容。

本章的内容全部基于数据治理的经验，这方面我们很有自信，但是这些内容都是从我们的视角出发的。我们采用自己数据治理方面的术语和定义，如果需要，请参考本书第 2 章。读者可能已经看到数据治理交付物和信息管理关键交付物之间有很强的相似性，这不是巧合，数据治理工作的一部分就是针对信息管理交付物的使用和管理的治理。

14.1   应该关注什么

数据治理需要考虑、跟踪、创建和管理相关交付物和业务元素的层次结构或者分类法,这里也有一些需要数据治理重点关注、跟踪和使用的元素。换句话说,数据治理 V 模型的两侧都有文档、政策、标准等相关内容需要管理。

14.2   业务元素

需要关注业务元素的分类。

业务一致性:业务一致性元素包括业务方向、绩效和评估相关的文件和资料,数据治理必须关注这些元素,因为它们都是业务一致性方面的直接内容。如我们之前常说的,数据治理中的重要活动就是确保信息管理能够和业务保持一致,主要包括以下内容:

- 战略;
- 目标;
- 目的;
- 规划;
- 信息价值。

业务流程:流程元素是在事件和活动中需要数据参与的一切。如果有建模工具,那么这个工具的产出物就是描述的这个领域。从数据治理的视角看,流程元素必须被审阅,确保相关的控制点能够被记录,特别是合规和监管等方面的关键流程。其他流程,如事件和沟通,当对外沟通的内容需要检查时,可能也需要数据治理的参与。

- 事件;
- 会议;
- 沟通;
- 培训;
- 过程;
- 工作流;
- 生命周期;
- 方法论;
- 功能。

政策:政策元素是规范和描述预期或者必需的行为等方面的交付物。很明显,数据治理需要对这些内容进行查询并追踪。这些文档治理方面的一个例子是关于法律、风险和实践相关政策的管理,这些不同的政策之间经常有冲突,例如,每个人都希望保留备忘录"以防万一",而公司法律顾问则说要尽快清除它们。这里也包括了原则,因为原则是政策的基础。

- 原则;
- 政策;
- 标准;
- 控制点;
- 规则;
- 监管。

组织:这个元素覆盖各种角色和组织结构图,数据治理需要关注这一点,了解谁是利益相关者,谁是决策者。当然,这不是一个需要昂贵工具的元素,大部分组织通过 Excel 就可以满足了,但是大型机构可能需要某种形式的数据库,或者使用建模工具中的组织结构管理功能。

- 等级;
- 角色(RACI);
- 位置;
- 分配;
- 团体;
- 部门;
- 团队;
- 花名册;
- 利益相关者。
  - ◆ 类型
    - □ 管理者;
    - □ 托管者。

业务信息需求:数据治理必须关注这个元素,因为这是确保业务一致性方面的关键因素。此外,组织在信息领域失败的主要原因是对需求的管理不善。数据治理的关键职能是监控和审阅企业信息管理方面的需求。

- KPI 指标或者评估;
- 列表或者域;
- 事件;
- 主题。

交付物:交付物就是需要永久保存,以备后续使用或者审阅的文档和其他资料。

- 手册；
- 章程；
- 演讲材料；
- 工作；
- 项目交付物；
- 邮件；
- 政策：交付的版本；
- 原则：交付的版本；
- 公开发布资料；
- 网站；
- 模型；
- 各个企业信息管理项目的工作产品。

数据：知道数据在哪里很重要，因此，这个元素不是讨论实际数据的出现情况，而是讨论它在哪里以及它意味着什么。有人常用元数据这个术语，然而，我们不喜欢用这个，因为这个术语已经过度使用并且被各个厂商曲解了。这个元素代表了数据治理需要使用和操作的所有必需的数据。

- KPI 指标；
- 模型；
- 标准；
- 目录。
    - ◆ 定义
- 元数据；
- 数字化流程；
    - ◆ 脚本
    - ◆ 程序
- 博客；
- Wiki；
- 文件；
- 业务信息需求；
- 文档；
- 位置。

技术：使用或者影响数据的相关的技术，这也是需要关注的。这个元素代表了用于管理数据资产的技术的相关信息。

- 产品；
- 硬件；
- 软件；
- 用户。

14.3 关于工具的想法

因为没有一款工具能够用来管理数据治理工作中的所有元素，所以需要认真思考到底要管理哪些类型的产出物并对相关过程进行自动化处理。

当面临无数 Excel 文件时就需要注意了，因为这些文件很难管理，最好的方式是尽可能应用信息管理领域相关的工具，包括模型工具、企业架构工具和其他各种类型能够提高效率的工具。

如果设计和使用得当，SharePoint 是管理、追溯各类对象方面很好的工具，但是仅把 SharePoint 当作各类文档的倾倒场是无用的，也是一种成本浪费，而在很多企业中使用 Wiki 作为内部入口点也取得了巨大的成功。

无论什么技术，尝试着统一入口，这就是 SharePoint 或者 Wikis 能够带来的帮助。本质上，数据治理是一项基于定义好的一系列规则和工作流的工作（另外一个需要注意的是数据治理本身并不特殊，它仅是一项有同样运营需求的业务职能）。

在数据治理中，制订流程和管理文档对于技术来说是一项挑战，制订数据治理元素列表并创建内部分类法是一种理想的方法。

引用使用数据治理的几个核心工作流程用于评估工具能力或由工具支撑，理想情况下可以验证分类体系中的所有事项，例如：

- 例外请求；
- 标准变更；
- 数据治理问题处理，未解决的问题。

这些都是数据治理工具需要支持的流程和文档。

其他能够为数据治理提供支持的工具包括论坛、数据控制产品和政策管理工具等。

论坛在展示数据治理相关的问题、建议和关键反馈方面比较有帮助；数据控制产品已经使用多年，能够在规则的执行和监控方面提供帮助；政策管理工具同样用了好多年，能够为数据治理利益相关者提供各种支持。

14.4　总结

　　数据治理技术方面的底线是需要努力集成各种技术,在写本书的过程中,很多提供商进入了数据治理的领域,一些是从信息管理领域而来,其他还有一些是文档管理领域的。无论怎样,你需要构建自己的能力箱,创建自己组织内部的分类方法(也可以通过工具管理)并选择每个类型对应的工具。同样,传统的交付物存储工具,如 SharePoint、Excel,在良好规划和治理的前提下也能提供很多帮助。

第 15 章

结 束 语

本书的结束语将是、也应该是数据治理实施方面的总结,但是在回顾前面章节之前,需要强调的是,在数据、信息或内容方面实施更多的制度并不是更好的选择。

因为本书即将结束,作者本人也启动了其他的信息管理工作:一个来自新客户的项目,这个项目中的一项交付物就是"数据治理"。这是 CIO 给咨询团队的采购清单中的要求,他当前正在寻找咨询合作伙伴,更准确地讲,这个要求是这样的:提供 ETL、MDM、BI和数据治理方面的交付建议。这些集中出现的缩略语是我们得到的第一个警告信号。

因为我们对这些领域非常熟悉,并且数据治理也被提到了,因此就基于当前成熟度的评估和业务一致性目标等内容给出我们的工作方法。很明显,从项目启动开始,这就是一个很艰难的项目。类似本书所述,这个工作有很多风险。CIO 简单地说:我知道答案,你只给我一个建议的供应商列表就可以。当我们强调数据治理并不提供类似的建议后,我们被要求只提出数据治理的必要性相关的建议,并制订一些标准就可以了。

这家公司的业务和 IT 领域之间的摩擦可以追溯到几十年前,CIO 想当然地认为自己知道答案,因为他只想要一份正式的报告。任命的项目支持领导没有站在 IT 或者咨询的立场上说我们需要几周时间进行评估,然后交付出他们所需要的报告。在这种情况下,数据治理是最重要的吗?

但是,这个公司之所以这样(一团乱麻,很多细节没有在这里描述)恰恰是因为它缺少治理或者相关的纪律。他们对数据治理如此不重视,导致他们需要大量外部支持来修复问题。有太多教育引导工作需要去做。

他们不理解数据治理并不是部分功能列表,而是为了更好地使用数据所有可能的解决方案的基础,所以让我们重新回顾一下本书中列举的一些关键因素。

15.1 概念

信息资产管理(IAM):我们用了大量的时间确保读者了解"信息是资产"不仅是信息管理工作的别称或者比喻,而是意味着需要采用和公司其他"实物资产"相同的态度。如果你说自己需要数据治理,那么表示你需要 IAM,这将给你带来正确的思考方式。

数据治理和信息管理的关系:本书介绍了数据治理的 V 模型,数据治理负责企业信息管理的监管和标准化工作,数据治理制订规则和流程。信息管理执行这些定义的机制,其中非常重要的是要保持数据治理和管理的独立性,这时采用了职责相互独立的概念,一个常用的类比就是数据治理之于 IM,就像会计准则之于财务一样。

企业级:数据治理永远不应该是一个项目中的职能,它是一项企业级的职能,所有关于数据治理的讨论都应该是从企业级视角出发的。数据治理的实施也是迭代式的,每次实施的重点都有所不同,但是最终的目的必须是企业级的应用。

数据治理是一项业务工作:数据治理从来都不是一项 IT 工作,它用来定义数据资产相关的角色、规则和控制点,必须广泛应用于企业中的每一个人。

进化和革命(Evolution vs. Revolution):你需要知道如何治理,从高层的治理理事会到具体运营的活动,你必须意识到行为的变革和促进是从高层逐步延伸到基层的。

数据治理意味着变化:自顶向下的行为变革通过组织变革管理计划正式的管理,这不是一个可有可无的选项。推动数据治理意味着你对当前的现状不满意,有些事情不同,不同意味着改变。所以,为什么不对改变进行管理而实现所有利益相关者的价值?正式的组织变革管理已经启动了很长时间,那么现在让组织变革管理更好地为数据治理提供服务。

15.2 数据治理的价值

目前,数据治理的价值要么被认为是传统的投资回报率(ROI),要么被认为是能够确保其他工作顺利执行所必须的工作。这里对数据治理价值的定义有些不同,可以套用 ROI 的方式定义数据治理的价值,但是这不是一个永远的数字,长期价值的产生需要能够接受数据治理是一项职能这个理念,这也是数据治理团队必须向管理层推销的理念。

以此为目标,数据治理团队需要创建业务案例并克服相关困难,如果没有,就缺少能够评价成功的基础。强有力的支持者非常重要,但是你需要向支持者证明这个方式是可行的。

团队需要分析业务机会,并通过每个机会让管理者知道把数据当作资产进行管理的重要性,这也将降低业务和 IT 之间的摩擦。

15.3 成功要素

不知什么原因,很多重要的成功要素都是三条,所以这里也总结了三条数据治理成功的因素(是从我们讲的许多因素中选择的)。

（1）数据治理启动之初的目标是消失：不是没有或者停止，而是融入组织的职能中。数据治理组织不是一个独立的部门（a stand-alone department），一旦数据治理的机制被采纳，组织中的每个人都应该有治理的职责。

（2）如果没有对组织的行为改变进行管理，那么数据治理很难持续下去。数据治理需要文化变革管理。

（3）即使以独立的项目启动数据治理，也必须和具体的举措相结合，尝试制订政策，选定教育和培训的重点领域，这是体现数据治理价值的最好方式。

这总结了我们之前讨论过的大部分内容，虽然我们介绍了很多基础知识，但是依然有很多数据因为缺少治理而出现问题。

本书介绍的所有知识都需要长期应用，在本章开始提到的客户中我们就是这样做的。这个客户会改变他们长久以来养成的习惯吗？希望如此，我们将对他们当前 IT 项目和数据的管理模式提出几项关键的建议，他们将不得不采纳一些原则和政策解决长期以来滥用数据的问题，他们也需要摆脱对 Excel 文件和 Access 数据库的依赖。对于他们来说，数据治理不仅是 PPT 上的灵丹妙药，他们是否有决心实际改变这些事情还有待观察。希望你从本书中能学到足够的知识，并且希望本书能够帮助你的组织在数据治理工作中取得成功。

附录 A 数据治理任务

阶段	活动	任 务	产出物/子任务	子任务产出物
范围和启动	识别数据治理的组织范围	列出可能受数据治理影响的业务单元/部门	数据治理的候选业务领域列表	
		识别业务单元下的关键部门	数据治理相关的关键业务部门列表	
		理解战略的核心以及相关举措	驱动数据治理的高阶业务战略	
		判断不同的部门是否需要不同的数据治理模式	数据治理驱动力的范围	
		制订数据治理范围中的组织部门列表	数据治理工作范围	
	数据治理定义和实施的建议范围和初始计划	定义具体的数据治理任务	数据治理任务	
		定义当前治理范围内已知的约束	已知的约束(如市场、时间、合规等)	
		定义必须开展的评估	必须的评估任务	
		定义标准的启动任务	标准的企业项目启动任务(如果有)	
	制订数据治理运营团队架构	识别数据治理团队成员和关键利益相关者	数据治理团队成员和利益相关者列表	
		识别数据治理指导委员会成员	数据治理指导委员会成员列表	
		开展数据治理工作参与者的SWOT分析	数据治理参与者SWOT分析	
		获得关于团队和数据治理指导委员会架构的批准和支持	批准的数据治理参与者列表	
	批准范围和约束	和建议的指导委员会成员一起审阅范围	建议的数据治理范围	
		基于反馈进行调整	反馈和调整	
		制订最终的数据治理范围	最终的数据治理范围	
评估	信息成熟度	确定调研工作的范围	调研的对象或者区域	
		选择或者开发成熟度等级	成熟度等级调研	
		按照名称或者组识别所有的参与者	调研参与者	
		使参与者了解调研的重要性并需要匿名	调研的引导	
		调研方式的定义(在线、问卷或者分组讨论)	调研交付方式	

阶段	活动	任　务	产出物/子任务	子任务产出物
评估	信息成熟度	检查和修改成熟度模板	批准的调研内容	
		定义最终交付的样式	最终的调研	
		部署调研工具	可用的调研	
		监控在线调研过程	管理调研数据的采集	
		分发问卷并监控反馈情况	管理调研数据的采集	
		准备和启动分组讨论	管理调研数据的采集	
		收集和分析数据	调研数据库	
		基于成熟度等级定义计算成熟度得分	信息成熟度结果建议	
		收集信息管理、应用、优先级管理和控制等方面已有的标准、制度和策略,并和信息成熟度等级进行映射	映射当前状态到信息成熟度等级:差距分析	
		分析关键发现并准备汇报材料	信息成熟度调研汇报	
	变革能力	确定评估的方式:是采用正式的会议,还是采用全面的调研工具	变革能力调研方式	
		确定目标群体	变革能力目标对象	
		定义调查对象或受访者	调研对象或区域	
		定义调研方法:正式的会议、问卷和在线工具	调研方法	
		管理调研或者召开会议	调研管理	
		分析和汇总关键发现	调研数据库	
		分析是否需要进一步调查	需要确认的业务领导列表	
		高层的支持	访谈关键用户	
		高层的承诺	访谈关键用户	
		确定哪些内容需要立刻报告或者仅发送给 EIM 团队支持后续的工作	"必须了解的"发现	
		准备变革能力报告	变革能力报告	
	协作意识	分析评估范围是否包含以下内容:	协作意识评估范围	
		网站和内容		
		文档和协作平台		

续表

阶段	活动	任　务	产出物/子任务	子任务产出物
评估	协作意识	寻找和识别关于共同经验和兴趣的团队		
		工作流		
		协作产品		
		即时通信、短信、Twitter 或 Facebook 等现代工具		
		分析调研范围	调研范围	
		确定评估方法：访谈、文档评审、调研或者联合方法	协作意识评估方法	
		收集关于文档分享、工作流、内部 Wikis、博客等方面已有的标准、制度、策略	评估资料	
		收集 SharePoint、Notes 或者其他分享工具相关的清单	评估资料	
		如果需要，以名字或者组的方式识别所有的参与者	协作意识调研对象	
		告知参与者调研的重要性并需要匿名	调研的引导	
		如果需要，根据兴趣进行分组讨论	兴趣组列表	
		定义最终交付的样式	最终的调研	
		部署调研工具	执行调研	
		监控在线调研	执行调研	
		分发问卷并监控反馈情况	执行调研	
		准备并开展分组讨论	执行调研	
		收集并评估采集到的调研数据、文档和会议资料	协作意识调研数据库	
		基于定义好的标准评价协作意识	协作意识得分	
		分析关键发现并准备汇报材料	协作意识汇报	
愿景	定义组织的数据治理	明确组织信息资产管理的定义（如果其他地方没有定义）	数据治理或者数据资产管理概念的定义：关于影响、关键点等方面的初始定义	
		数据治理相关的度量指标列表	数据治理评价指标列表草稿	
		定义组织数据治理的使命和价值描述	数据治理使命和价值描述	

阶段	活动	任务	产出物/子任务	子任务产出物
愿景	定义组织的数据治理	细化并汇报数据治理的使命和愿景	细化的数据治理使命和愿景	
		获得数据治理愿景和价值描述的审批	审批后的数据治理愿景和价值描述	
		整理数据治理的初始定义	数据治理概念定义	
		制订数据治理电梯演讲资料	数据治理电梯演讲	
	初步定义数据治理需求	收集并分析数据治理需要支持的组织目标、战略	数据治理相关的业务目标	
		收集已经存在的交付物：数据、流程模型或者数据质量调研	数据治理相关的数据资料	
		分析积压的各类工作：报表开发需求、网站更新、外部数据需求、数据问题和奇怪的数据治理需求	直接或者间接的数据治理需求	
		识别数据质量提升的关键目标或者外部监管的数据范围	数据治理中的数据质量管理目标	
		分析重要的业务事件、影响风险的相关活动,如安全、合规产品、费率文件等	数据治理在风险领域的价值	
	制订数据治理的蓝图	制订数据治理蓝图的一页纸简要描述	数据治理蓝图描述	
		识别数据治理引见的控制点	数据治理业务价值主张	
		制订"每日工作清单"	每日工作清单	
一致性和业务价值	利用当前企业信息管理已有的业务案例	检查业务文档和之前工作中的发现	业务目标、目的和之前工作的关键发现	
		确认组织的愿景、目的、目标和数据治理的相关性	确认数据治理和业务目标之间的相关性	
		确认业务目的、目标的度量指标	业务目标的度量指标	
		明确支撑业务目标需要的数据治理角色	支撑业务目标需要的数据治理角色	
		确保每个目标或者目的都是可测量的	确认度量指标	
	一致性业务需求和数据治理	收集和分析业务目的和目标	组织的目的、目标	
		整理已知的业务挑战、问题和潜在机会的列表	业务目标相关的机会、挑战和问题分类	
		把挑战和机会与业务方向相关联	业务机会	
		确保每个目的或者目标都是可测量的	确认度量指标	

续表

阶段	活动	任 务	产出物/子任务	子任务产出物
一致性和业务价值	一致性业务需求和数据治理	分析业务目的和战略相关的数据需求	企业数据需求	
		收集度量、指标和其他的业务数据需求	整合的度量指标和业务数据需求列表	
		收集业界评价指标（如果没有）	标准或行业评价指标	
		把 BIR（业务数据需求）和相关度量与数据治理机会相关联，验证两者的相关性	业务信息需求/评价指标和数据治理模型的相关性	
		可选的：把相关措施和数据质量很重要的源系统进行关联	指标/业务信息需求和数据质量的交叉关联	
		关联业务信息需求和数据问题	企业数据治理管控点	
		如果需要，则整理数据使用/价值的表格	应用价值和信息支撑表格	
		分析数据治理在业务中的价值	企业价值环境	
		安排和业务领导、业务专家之间讨论的时间	业务价值讨论会议安排	
		根据讨论分析相关业务价值，或者对之前的结果进行修订	会议讨论结果	
		确认将来数据治理和业务目的、目标之间的结合点	确认数据治理和业务目标的关联性	
		确认目标和目的的度量	业务目标的度量	
		明确达成业务目的所需的数据治理角色	实现业务目标中的数据治理角色	
	识别数据治理的业务价值	把数据问题和业务需求相关联	每个业务需求相关的数据问题	
		使数据治理机会与业务收益保持一致	数据治理机会和业务需求相关数据问题的关联	
		识别与业务目的相关的潜在资金流	有影响的业务需求相关的现金流	
		分析数据和信息使用过程中的机会		
		识别受管理的数据和内容在支撑、提升业务过程中的接触点	新流程中可能的价值点	
		把能够创造价值或者实现业务目标的流程从原业务活动中分离出来	业务流程中能够通过受管理数据实现目标的具体活动	
		通过当前使用的收益分析模型对各种财务利益和成本进行分析	数据治理财务收益模型	

续表

阶段	活动	任　　务	产出物/子任务	子任务产出物
一致性和业务价值	识别数据治理的业务价值	描述实现业务目标中数据体现的价值	数据治理价值描述	
		在数据治理团队或者委员会中发布结果报告	数据治理价值报告发布	
		使数据治理的价值收益和业务数据需求协同一致(体现业务目标、数据和数据治理活动之间的关系)	数据治理业务价值	
职能设计	确定核心信息原则	制订备选原则清单	信息原则的初始列表	
		应用通用信息准则(GAIP)	确认通用信息准则中的原则	
		和企业当前的原则和策略保持一致	调整和优化当前已有的原则	
		分析每个原则的原理和影响	企业信息原则的初稿	
		提交数据治理委员会并通过审批	审批后的信息原则	
	确定以业务为导向的数据治理政策和流程基线	以原则为基础起草政策初稿	数据治理政策初稿	
		识别数据治理流程		
		识别能够支持关键业务指标或者度量模型的流程	度量指标和业务信息需求的管理流程	
		收集信息管理方面已有的政策	当前信息管理的政策	
		识别能够支撑标准、控制和政策方面的流程	标准和控制方面的管理流程	
		识别支撑主数据和 ERP 项目方面的流程	主数据和 ERP 方面的数据治理流程	
		定义/支持合规需求	合规方面的数据治理流程	
		识别规划和管理相关的职能	数据治理规划和管理流程	
		识别企业数据模型标准和管理方面的需求和流程		
		识别参考数据政策和管理相关的需求和流程	参考数据或代码方面的数据治理流程	
		识别政策和标准管理的流程	数据治理管理流程	
		确保流程和政策不相互冲突	政策和流程的相互关联	
		可选:和财务、合规等部门一起开展"信息风险"方面的分析	信息风险分析	
		识别当前数据管理中存在的问题	能够弥补当前数据治理缺陷的流程	

续表

阶段	活动	任 务	产出物/子任务	子任务产出物
职能设计	确定以业务为导向的数据治理政策和流程基线和流程基线	明确适当的控制点	数据控制	
		明确隐私和安全的关注点	隐私和安全方面的控制	
		明确监管、合规的需求	监管和合规方面的数据治理流程	
		明确关键数据治理流程	问题处理流程	数据治理问题处理流程
			数据治理政策、标准变更流程	政策和标准维护流程
			数据治理和项目的交互	项目的数据治理流程
			制订部门数据管理的绩效目标	业务领域的数据治理绩效目标
		识别其他的数据治理流程	识别 SDLC 变更流程	SDLC 变更需求
			设计 SDLC 协同管控方面的数据治理流程的细节、交付物和文档	SDLC 变更
			根据修订的政策和流程制订协同计划(审阅、修改数据治理和企业信息管理方面的既有政策和流程)	和数据治理相关政策的修订
	识别和细化信息管理职能和流程	识别信息管理流程	修订后的信息管理流程(不是数据治理的)	
		从数据治理中分离信息管理的职能	信息管理和数据治理各自的职能列表	
	识别初步的职责和所有权模型	分析需要数据治理认责的流程	认责流程	
		分析数据治理职能和业务领域的结合点	数据治理接触点	
		定义数据治理初步的执行机制	数据治理执行机制设计	
	向业务领导展示企业数据治理职能模型	数据治理职能模型汇报的准备	数据治理职能汇报	
		原则上获得对于数据治理流程的认可	批准的功能列表	
治理架构设计	设计数据治理组织框架	从职能设计的视角进行数据治理的 RACI 分析	数据治理 RACI 矩阵	
		定义组织联邦的层级	数据治理联邦层级	
		数据治理联邦架构建议	数据治理联邦模型	

续表

阶段	活动	任 务	产出物/子任务	子任务产出物
治理架构设计	设计数据治理组织框架	基于 RACI 分析识别管理层	数据治理的管理层	
		制订组织模型	数据治理的组织架构图	
		确定潜在的人员配置	数据治理组织人员清单	
		明确各层级的管理者	数据治理组织的汇报关系	
		定义数据治理组织主要层级的章程	数据治理组织章程	
	识别角色和责任	定义数据管理专员的角色和职责	数据管理专员、数据所有者的角色和职责	
		定义数据管理专员/职责的识别方法	数据治理职责的定义	
		协同 HR 部门和已识别的数据管理专员一起制订并修改数据管理专员绩效考核目标	修订后的数据管理专员绩效目标	
		识别数据治理的监管主体	数据治理的监管框架	
		识别委员会成员、执行层和管理层成员		
		识别特别的沟通点和沟通方式		
	评审和批准数据治理组织框架	高层领导审阅并批准数据管理专员识别方法	数据管理专员识别方法的批准	
		开发数据管理专员识别模板	数据管理专员模板	
		根据数据主题域识别数据管理专员,并明确各主题域的优先级(如客户)	数据管理专员的监管范围	
		识别管理专员和所有人	数据管理专员和所有人列表	
		获得对数据管理专员和所有人名单的审批	批准后的名单	
	启动数据治理宣贯	开展数据治理管理专员的培训	完成培训	
		和委员会成员、数据管理专员一起审阅信息管理和数据治理原则	原则评审活动	
演进路线图	整合数据治理和其他相关的工作	识别需要遵循标准和治理的项目和利益干系人	需要治理的项目和利益关系人列表	
		细化治理的主体和委员会(如果是 EIM 的一部分)	提升治理的监管能力	
		细化数据治理章程(如果是 EIM 的一部分)	调整后的企业信息管理/数据治理章程	

续表

阶段	活动	任　务	产出物/子任务	子任务产出物
演进路线图	整合数据治理和其他相关的工作	如果需要,则确认数据管理专员和所有者模型	确认后的人员和模型	
		定义数据治理的实施计划支持企业信息管理计划或者其他识别的项目	企业信息管理/数据治理演进路线图	
		数据治理实施任务和时间点列表	数据治理实施计划	
	定义持续运营需求	开展/审阅利益相关者分析(或者同时开展)	利益相关者的持续运营需求分析	
		审阅信息管理的相关评估报告	变革能力报告	
		开展变革能力评估(如果没有做)	变革能力报告	
		识别变革管理需要的资源	变革管理资源清单	
		交叉检查点、变革能力和利益相关者分析	变革管理领域	
		结合信息管理能力成熟度评估结果进行变革能力分析	变革能力和成熟度目标	
		开展利益相关者分析(如果需要)	识别数据治理的利益相关者	数据治理利益相关者列表
			开展 SWOT 分析(所有利益相关者)	SWOT 分析报告
			完成利益相关者分析	SWOT 分析总结
			数据治理领导审批	SWOT 分析结果审批
			评估主要利益相关者的参与程度	利益相关者类别的划分
			领导层(数据治理指导委员会成员或者支持者)审阅评估主要利益相关者的影响分析报告	SWOT 分析结果审批
			制订行动计划,提升利益相关者的参与程度	SWOT 分析的行动清单(可以是持续运营需求的一部分)
		开展领导层协同能力的初始评估		
		确定变革的本质、范围	影响范围	

阶段	活动	任　务	产出物/子任务	子任务产出物
演进路线图	定义持续运营需求	描述数据治理支持者推动变革的能力	支持者能力报告	
		制订计划加强支持者的参与（如果需要）	确保支持者持续参与的方法	
		定义培训需求	数据治理持续培训需求	
		定义沟通需求	数据治理沟通需求	
		准备变革能力报告	变革能力汇报	
		满足数据治理持续运营需求	数据治理变革管理和持续运营需求	
	定义变革管理计划	定义数据治理可持续性成功的条件	数据治理持续运营评价标准	
		定义和设计持续性的度量指标	数据治理持续运营的度量指标	
		识别组织变革管理团队成员	数据治理变革管理团队	
		识别各种类型的阻力	数据治理阻力分析	
		制订阻力的应对方法	数据治理阻力应对方法	
		制订阻力管理的计划	数据治理阻力管理计划	
		审阅和批准阻力管理计划	阻力管理计划的审批	
		定义并调整员工绩效目标和奖励机制，以适应新的工作要求	WIIFM（对我有什么好处）的描述	
		开发数据治理持续性运营的检查表	持续运营检查表	
		识别和设计变革评价指标	数据治理变革管理成功的评价指标	
		制订员工岗位调整方法（如果需要，可以请 HR 参与）	员工调整方法	
		制订沟通和培训计划	沟通和培训计划	
		制订数据治理沟通计划	识别受众	数据治理沟通的目标
			制订沟通内容和主题	沟通内容和主题
			定义沟通渠道	沟通渠道
			定义时间、频率和交付方式	沟通计划
			审阅和批准沟通计划	沟通计划的审批

阶段	活动	任　　务	产出物/子任务	子任务产出物
演进路线图	定义变革管理计划	制订数据治理培训计划	识别受众	数据治理培训的目标
			定义培训的深度和广度：入职培训、教育、深度培训	数据治理培训大纲
			定义培训方式	数据治理培训方式
			定义时间、频率和交付方式	数据治理培训计划
			审阅和批准培训计划	培训计划的审批
	定义数据治理运营实施计划	制订数据治理管理需求	数据治理每日管理清单	
		如果需要，则修订数据治理章程、愿景	修订后的数据治理章程	
		定义和细化数据治理组织的定位	修订后的数据治理组织	
		识别需要立刻执行的数据治理任务	短期数据治理活动	
		定义数据治理演进路线图	演进路线图	
推广和运营	数据治理运营实施	完成新的数据治理团队成员的识别和教育	确认数据治理团队的接受程度	
		数据治理职能和管控领域的宣贯	外部对数据治理团队的理解	
		为新的数据治理管理者提供培训	高效运转的数据治理组织	
		审阅数据治理章程	数据治理章程	
		为新的数据治理成员介绍数据治理的章程和原则	入职培训	
		向数据治理团队介绍持续性的治理活动和利益相关分析报告	入职培训	
		向管理层介绍数据治理组织（如果之前没有开展）	管理层启动培训	
		制订数据治理团队、委员会和管理层的介绍、培训和教育方面的计划	培训角色职责的描述	
		协同数据治理团队职能和演进路线图中的项目	应该受治理的项目	
		确保评估能够被理解、项目管理实践已经准备好	应该受治理的项目	

182

阶段	活动	任 务	产出物/子任务	子任务产出物
推广和运营	数据治理运营实施	首次推出数据治理相关职能	数据管理专员和相关管控项目的启动	数据治理的启动
			数据治理组织的启动	数据治理的启动
			开始数据治理的路演	数据治理的路演
			发布指导手册和原则列表	数据治理原则和政策
			开展数据治理政策和流程的宣贯和培训	数据治理培训
			发布、实施数据治理和SDLC的集成文档	SDLC的变更
			制订和实施数据治理审计流程培训	数据治理审计流程培训
			启动数据治理审计	数据治理审计流程已启动
			识别和定义持续运营阶段其他的活动	其他所有的活动
		开展数据治理效果度量		数据治理度量指标设计
				数据治理指标和持续运营指标对比
				度量指标汇报
				指标收集机制
				能够评价数据治理实施效果的、已投入应用的一系列指标
		数据治理工具和技术的实施		数据治理工具
		数据治理运营	提升变革管理并加强与其的互动	数据治理运营
			开展审计和服务水平的检查	数据治理运营
			和监管主体、数据治理委员会、管理层的互动	数据治理运营
			数据治理框架的实施：数据治理委员会和管理层	数据治理运营

阶段	活动	任务	产出物/子任务	子任务产出物
推广和运营	数据治理运营实施	执行数据治理变革计划	沟通计划的执行	沟通事件
			培训材料的制订和实施	培训事件
			员工转岗到新的角色（如果需要）	员工角色转变
			收集反馈意见并分析结果	数据治理持续运营的反馈
			开展领导层协同能力评估	领导协同能力评估
			开展组织影响分析	数据治理对组织的影响分析
			监测并管理遇到的阻力	阻力应对
			数据治理持续运营检查清单的实施	数据治理检查清单
			细化数据治理培训、入门培训和路演的材料	细化材料
			如果需要，则发展其他的支持者	支持者列表修订
			速赢沟通	速赢沟通
			与领导力相关的沟通状态和进展监测	数据治理进展积分卡
			积极解决遇到的问题	问题处理记录
		数据治理项目管理	主要项目管理委员会成员的培训	了解正在进行的数据治理工作
			在数据治理工作开展过程中借鉴 IT 管理方面的最佳实践	数据治理/IT 最佳实践的整合
			制订项目治理相关模板	数据治理项目模板
			选定数据治理项目评估工具	数据治理评估工具
			制订数据治理跟踪和审计 IT 项目的程序	数据治理跟踪
			预估数据治理项目的资源	数据治理资源
			修订后 SDLC 的实施	数据治理加强实施方法
			和企业 PMO 进行交互（如果存在）	数据治理和 PMO 之间的交互

续表

阶段	活动	任 务	产出物/子任务	子任务产出物
推广和运营	数据治理运营实施	确认数据治理运营及效率	评估组织架构	组织架构的确认
			确认相关工作和人员的效率	角色转变的确认
			验证政策和流程	流程的确认
			审阅激励机制	激励机制的确认
			监测和汇总数据治理持续运营度量方面的指标	数据治理积分卡
			执行数据治理监测方面的调研(如果已经设计)	数据治理调研
			举办分组讨论/访谈收集反馈	数据治理分组讨论
			执行变革集成方面的检查	变革采纳程度评估
			受影响的政策/实践和程序之间的重新协同	数据治理政策的重新协同
			修订员工绩效目标和奖励机制	数据治理激励机制的修订

附录 B 能力成熟度评估问卷

变革能力评估结果可以区分组织开展数据治理过程中遇到的问题类型。

编号	调 研 问 题	非常 不同意 1	不同意 2	中立或者 未确定 3	同意 4	非常 同意 5
1	我了解即将发生变化的合理性和关键点					
2	我们的高级管理者已经清楚地描述了这些变化对组织长久成功的重要性					
3	组织中的员工认为他们可以毫无保留地表达自己的观点,即使该观点和领导的观点相反					
4	组织中之前的变革已经被很好地管理了(例如,我们对变革管理有很好的跟踪记录)					
5	我相信自己有机会表达关于即将发生变化的观点并提出建议					
6	我相信我的观点和建议可以得到认真对待					
7	我相信变革成功的障碍将被识别并被消除					
8	我们的高级管理者已经支持并承诺做出改变推动变革成功实施					
9	我所在工作团队成员的思考和行动方式与组织必须做出的改变能够保持一致					
10	尽管我们还没有识别出必须做出的改变,但是我相信组织将会提供成功所需要的资源					
11	整个组织中的员工都理解变革对他们工作职责的影响,并且认为变革是必须的					
12	我相信通过提升业务流程和相关技术,可以为组织做出更大的贡献					
13	我相信自己可以收到关于变革措施和相关影响的真实的、准确的信息					
14	整个组织的员工都认为对业务流程的改变是必须的					
15	变革相关的风险和问题已经被识别并被很好地处理					
16	我相信自己有能力实现所需要的任何必需的更改					
17	我是容易接受工作相关变革的人					
18	我愿意做变革的提倡者,可以帮助同事、业务伙伴接受和做出必要的改变					
19	我相信,由于这些变革,组织今后将更加成功					
20	我们的人员有相关的技术、兴趣和能力支持将要发生的变化					

续表

编号	调研问题	非常 不同意	不同意	中立或者 未确定	同意	非常 同意
		1	2	3	4	5
21	关于变革的沟通是开放的、直接的和规范的					
22	明确了预期的业务成果,并制订了测量措施					
开放式问题						
23	在推进变革时最大的挑战是什么?					
24	你所参与的变革举措成功或者失败的最大原因是什么					
25	在推进这些变革过程中组织最大的优势是什么?					
26	对于即将推进的变革,如何提供最好的支持					

信息成熟度评估可以分析组织如何更好地管理和应用信息,以达到已定义等级。

编号	调研问题	非常 不同意	不同意	中立或者 未确定	同意	非常 同意
		1	2	3	4	5
1	组织已经发布了如何查看、处理数据和信息方面的原则					
2	组织制订了数据如何展现方面的标准					
3	已经制订了用于管理已发布数据的策略					
4	数据政策易于理解并可以保持一致					
5	制订了数据开放(数据采购、数据对外共享)方面的管理制度					
6	数据质量的重要性得到普遍认可					
7	人们愿意对某个数据质量维度负责					
8	提供了全面的数据控制,我们可以相信已经发布的数据					
9	我们可以很容易地将我们对信息的需求与特定的业务程序联系起来					
10	我们的业务系统能够提供我们所需的所有数据					
11	提供了全面的数据控制,不用担心监管方面的问题					
12	我们部门拥有我们所使用数据的管理职责,有责任规范和正确地使用数据					
13	我们部门汇报给管理层的数字是准确的					
14	有时候我们制订的报告和其他部门的不一致					

续表

编号	调 研 问 题	非常 不同意	不同意	中立或者 未确定	同意	非常 同意
		1	2	3	4	5
15	IT 的职责是为我提供数据,所以我可以分析数据并制订所需要的报告					
16	我们用不同的人开展分析,而不是生成报告					
17	我们有太多的事情要做,没有时间制订数据标准					
18	我的公司能迅速适应不断变化的商业环境					
19	我们擅长数据分析,很少有决策是凭"直觉"做出的					
20	我们不能完成任何事情					
21	我的部门有多个数据库、Excel 表格或者其他数据源可以用来制订报告					
22	我具有的技能可以满足当前部门的需要					
23	如果必须采集数据,那么可以忽视 IT 和标准方面的规范					
24	我们公司的运营大部分根据经验和感觉					
25	知识在我的小组成员和其他人之间自由共享,无论它们来自哪一个职能领域					
26	我了解评价组织绩效的关键指标					
27	我的公司能够识别将影响或者提升组织绩效的发展趋势					
28	我采集并分析与我工作相关的数据					
29	我会基于数据分析优化工作流程,进而提升绩效					
30	IT 管理中有数据相关的标准					
31	我部门必须自己采集数据,因为 IT 没有及时交付数据					
32	我具备完成组织目标所需要的技能					

协同能力评估可以评价组织利用各种措施提升跨职能协作的能力,这个评估和变革能力评估之间可能有或者没有重叠,这依赖于组织规模和数据治理的范围。

编号	调 研 问 题	非常 不同意	不同意	中立或者 未确定	同意	非常 同意
		1	2	3	4	5
1	你是否觉得可以打电话、发邮件或和其他部门的同事讨论某个流程问题,这个问题会影响你们两人,而对话又能让你们采取一些行动					

编号	调 研 问 题	非常 不同意	不同意	中立或者 未确定	同意	非常 同意
		1	2	3	4	5
2	你的工作流程是否受"孤岛"职能领域和组织层次的限制					
3	你的工作流程是否受缺少管理沟通的影响					
4	你的工作流程是否受管理优先级的影响					
5	你是否了解其他部门的工作目的和目标					
6	你和你的工作伙伴是否了解对方工作中的问题和困难					
7	你和你的工作伙伴是否能够对低效的工作流程进行更改					
8	你是否知道自己的工作涉及哪些职能领域					
9	你认为你的组织是否能迅速适应不断变化的商业环境					
10	你认为你的组织是否相信分享经验教训可以提升公司绩效					
11	知识在我的小组成员和其他人之间自由共享,无论它们来自哪一个职能领域					
12	来自其他职能领域的工作组或团队是否有责任影响你的工作流程					
13	其他的工作团队和你是否有沟通					
14	你认为你是否可以在任何时候对你认为需要澄清的、其他组关注的问题发表意见					

附录 C 数据治理章程模板

介绍

本章程是数据治理工作的重要文件,它主要有以下几个用处:

- 建立运营框架;
- 描述工作的目的和目标;
- 明确各层的构成,如理事会和支持者;
- 建立数据治理运营主体应有的权威;
- 明确数据治理组织联邦类型;
- 明确参与人员名称。

在一些大型的组织,数据治理运营主体的各个层级也许都需要有各自的章程,如支持者、理事会和工作组。

章程一般是一份需要实时更新的文档,需要根据治理工作的开展和变化及时进行修改。下面是章程文档中重要章节的概要说明,每节都有一些解释说明。

背景

描述哪些事情需要数据治理的工作,一个主数据项目?或者需要更好地管理所有数据或者信息?

章程目的

描述章程的目的,是重点强调范围?是否有一个能够监管全局的数据治理办公室或者是否有一个虚拟的运营组织?是描述数据治理的所有领域,还是描述一个特定领域?主要是数据治理工作的范围。

术语

一般情况下会有很多新的术语,如主数据、数据质量,这些术语如果是数据治理工作的组成部分,就应该首先被定义。

使命和愿景

如果数据治理将会成为企业信息管理的一部分,就需要确保已经定义了企业信息管理的使命和愿景,然后描述数据治理在其中的作用。

目标

描述数据治理工作中具体可测量的目标,证明数据治理发挥了应有作用的评价标准。

报告和指标

和数据治理相关的哪些指标可以收集并汇总成报告。

价值定位

描述如何通过实现数据治理改进组织。

数据治理框架总结

描述数据治理运营过程中组织之间的各种安排和交互,定义各个角色、职责和核心流程。

数据治理理事会

关键构成就是数据治理理事会,它将主要推动数据治理的工作,主要描述以下特征。

- 交互点:数据治理理事会和组织其他部门的协同界面。

- 结构:是正式的层级结构、虚拟组织,还是特定的区域(a dedicated area)(较少出现此情况)?

- 数据治理理事会的愿景:描述数据治理理事会应如何看待信息资产的规范管理,主要包含以下内容:

  ◆ 角色;

  ◆ 流程/任务;

  ◆ 职责;

  ◆ 代理权限(Representation);

  ◆ 子团队。

数据治理办公室

数据治理办公室通常是一个协调机构,很多时候是虚拟的,是数据治理组织常规的对外接触部门,即使在一些大的组织,也只有很少几个人。

数据治理工作组

描述数据治理工作组,或者是执行团队,他们汇报给数据治理理事会,主要由数据管理专员和看管人员(custodian)构成,他们承担的数据管理职责如下:

- 角色;

- 流程/任务;

- 职责;

- 代理权限;

- 子团队。

数据治理高层管理者或者支持者

数据治理实施过程需要有支持者,如果你在其中扮演了其他角色,那么在开始工作之前请确保清楚地描述支持者的以下内容,因为支持者经常会慢慢消失。

- 职责;

- 角色;

- 流程/任务。

辅助支持

本节主要描述数据治理框架的核心职能如何运作。

- 会议；
- 投票；
- 沟通。

权力

本节需要清晰地描述数据治理运营团队如何推动标准的执行。本节的内容必须经过支持者、高层管理者的审阅并收到明确的批准。

网站

描述关于数据治理内容的内部网站，如原则、政策、团队、愿景和使命等。

文档历史

本章程是需要进行实时更新的文档，需要便于阅读，易于管理，因为在这个过程中会经过很多次修改。

- 版本记录。

附录 D 数据治理引导和持续知识转移模板

数据治理知识转移的三个层次		
1-引导	理解愿景、概念和价值定位,使人们能够以行动明确支持变革或活动	掌握为什么需要数据治理
2-教育	从责任和管理的角度确保必需的活动或变革得到落实,知道数据治理是什么,为什么需要数据治理	掌握为什么需要数据治理,数据治理是什么
3-培训	从负责执行、"脚踏实地"的角度确保行动得到落实	掌握为什么需要数据治理,数据治理是什么,数据治理怎么做

层次	主题	段节名	数据治理委员会情况介绍模板
引导	企业信息资产管理	信息资产管理概念	信息资产管理的概念、术语和定义
			信息资产管理的总体愿景
			典型使命、愿景和价值陈述
			信息资产管理的分支和影响
			企业信息管理解决方案综述——主数据管理(MDM)、商务智能(BI)、数据质量(DQ)、数据治理
教育	组织企业信息管理引导	组织企业信息管理计划综述	组织关于企业信息管理的概念
			组织关于企业信息管理的愿景
			组织对企业信息管理的价值定位
引导	数据治理	数据治理概念	定义、价值和概念
			数据治理的价值
		数据治理框架需求	原则和政策
			最佳实践
			组织原则和政策简介
培训	企业数据治理和监督	数据治理情况介绍	组织信息治理(IG)框架(ITLC、IGC、OCC)
			企业数据治理的价值和愿景
			V 模型介绍
		企业信息管理原则情况简介	企业信息管理原则详述
	组织管理	企业信息管理和企业数据治理组织综述	组织信息治理框架(领导力、支持者、委员会、数据治理办公室)

续表

层 次	主 题	段 节 名	数据治理委员会情况介绍模板
培训	企业数据治理和监督	企业信息管理实施原则	组织行动原则
			组织策略细则
		数据治理运营	组织数据治理关键流程（如问题、策略变更等）
			数据治理度量
			V 模型详述
			组织数据治理路线图
	持续性管理	组织企业信息管理的持续性需求/组织企业信息管理综述	组织企业信息管理的变更管理综述
			企业信息管理的文化变更流程
			企业信息管理成熟度
			企业数据治理 SWOT 分析
			企业数据治理风险领域
			组织变革管理（OCM）受到抵制的应急预案
持续培训	转移引导	信息资产管理概念	信息资产管理的概念、术语和定义
			信息资产管理的总体愿景
			典型使命、愿景和价值说明
			信息资产管理的分支和影响
			企业信息管理解决方案综述——主数据管理（MDM）、商务智能（BI）、数据质量（DQ）、数据治理
	数据治理的价值	定期升级数据治理的价值增值作用	关键度量报告
			数据治理的标识和含义
			业务一致性调整
	数据治理的合规性	政策有效性和执行情况的定期评审	政策的推广
			流程的效力
			重要问题的决议
	组织变革的管理	组织变革的进展	职责的变化
			激励的进度
			激励的调整
			组织变革管理的度量
			组织变革管理的持续调研

附录 E 信息管理/数据治理职能清单

本列表是通用的职能列表,不要将这些职能与实施任务混淆。

	信息管理/数据治理职能	信息管理	数据治理	组织变革管理
计划	协调数据架构与企业业务战略保持一致	×		
	建立信息项目的优先级顺序	×		
	理解企业应用的目标	×		
	理解业务模型	×		
	开发一套用于数据收集的隐私策略	×	×	
	协调信息架构与企业业务战略保持一致(修订业务场景、机制)	×		
	识别一种数据治理方法		×	
	识别需要数据治理的领域		×	
	识别法律合规领域		×	
	阐述数据治理具有的变化特点		×	
	识别关键的利益相关方群体,以及他们可能受到哪些因素的影响:新技能、不同的行为等	×	×	×
	识别计划的拥护者和发起方		×	×
	理解可能发生变革的信息管理文化	×	×	×
	对风险点进行分类	×	×	×
	开发一种变革管理办法			×
	评估信息成熟度	×		
	评估变革的能力			×
	为数据和信息解决方案提供资金	×		
	建立数据技术基础设施	×		
定义	建立数据原则、政策和标准		×	
	定义数据的含义和业务规则		×	
	建立通信机制		×	×
	进行推广/信息会议			×
	使用信息化原理确认企业架构原则	×	×	
	为新应用程序开发一系列设计接口的概念,以确保数据管理工作逐步开展	×		
	设计教育计划(通常适应于中层管理人员及以上)			×
	设计培训计划(通常适应于中层管理人员及以下)			×

	信息管理/数据治理职能	信息管理	数据治理	组织变革管理
定义	定义权重值的流程：性能、流程、财务运营	×		
	为企业信息内容和交付开发相应的流程（数据模型）	×		
	开发和建立企业元数据管理环境	×		
	定义信息管理应用的权重值指标，以确定信息管理的有效性	×		
	为满足可重用性和一致性要求，开发相应的应用程序代码管理需求	×	×	
	定义企业主数据管理（政策、设计、流程）	×	×	
	识别和定义企业元数据管理需求	×	×	
	识别公司的层次结构和运营流程	×	×	
	创建和维护信息管理的实施计划（路线图）	×		
	确定信息管理技术需求，为信息管理技术指明前进的方向	×		
	建立数据认责理事会		×	
	建立数据质量计划	×		
	定义数据专员和所有者的范围、数据治理组织		×	
	定义信息管理的角色和职责	×		
	考虑变革管理路线图			×
	准备一个详细的变革管理方案，重点包括奖励、（可能遇到的）风险、措施			×
	定义信息管理组织结构	×		
	确定必要的学历、培训和技能组合要求，以确保成功			×
	获取和维护适当的技能组合，以支撑信息管理	×		×
	建立数据访问、数据控制的指导方针和需求		×	
	设计和维护一个元数据层	×	×	
	调解并解决与数据相关的各种冲突		×	
	为信息系统定义业务需求	×		
管理	实施数据原则、政策和标准		×	
	管理元数据结构、模型和定义	×		
	管理信息系统的投资组合	×		
	完善数据治理的推广策略和指标		×	
	建立企业信息架构治理知识库	×		
	定期建立 IS 项目的优先级顺序；可综合考虑价值驱动、流程角色和应用领域等因素		×	

续表

	信息管理/数据治理职能	信息管理	数据治理	组织变革管理
管理	验证信息管理与业务、战略规划的一致性	×		
	跟踪企业数据管理领域的行业趋势,以便确定在信息管理架构中如何最大程度地利用这些趋势	×		
	将变革管理计划和整体项目计划相结合		×	×
	执行变革管理计划的同时,同步推广数据治理			×
	开发信息管理流程	×		
	管理数据技术基础设施	×		
操作	确保数据质量和集成(按主题)	×		
	数据安全	×	×	
	实现业务流程和系统的数据隐私	×	×	
	推进 BI/ODS/DW 的设计和维护工作(包括提供架构和实现)	×		
	执行相关流程,以支持数据隐私策略	×	×	
	执行相关流程,以支持数据访问	×	×	
	执行相关流程,以支持数据控制	×	×	
	实施指标对数据治理的执行效果定期进行度量		×	
	重新调整政策/实际做法和程序,以便明确支持新的信息管理和数据治理愿景,而不是否认它	×	×	
	开发客户/供应商/其他主题域层次结构	×		
	评估数据质量(包括 IS 系统规划、实施和周期性产品)	×		
	确定企业数据的安全性需求(包括隐私和访问)		×	
	加强集成数据和管理数据的应用		×	
	调解并解决与数据相关的各种冲突		×	
	确保业务需求能够在信息化需求中体现	×		
	创建并维护企业逻辑数据模型,包括相关的映射和别名	×		
	定义数据和业务规则	×		
	创建和维护项目逻辑数据模型,包括各种映射和别名	×		
	维护对年度战略规划、战略执行、解决方案交付物和项目组合管理的各种修订	×		
	维护数据收集和应用的策略(包括隐私、控制和数据访问)		×	
	维护业务模型中的各种业务场景/用例	×		
	维护权重值:性能、流程和财务	×		
	加强企业主数据管理(政策、设计、流程)		×	

续表

	信息管理/数据治理职能	信息管理	数据治理	组织变革管理
操作	推进物理数据模型设计(技术性的数据库设计)	×		
	评估和选择信息管理技术	×		
	安装和维护信息管理技术	×		
	监控和调整信息管理技术	×		
	识别和解决所有的信息管理技术问题	×		
	维护和管理业务规则知识库	×		
	在配置管理数据库(CMDB)所有表单中维护一套企业数据管理资源的准确目录	×		
	强化数据原则、政策和标准		×	
	管理信息系统的组合(应用和基础设施组件)	×		
	管理元数据层	×		
	开发和支持各种应用系统	×		
	设计和维护元数据层	×		
持续运营	启用适当的数据访问方式	×		
	为分析和数据挖掘准备应用数据	×		
	在提供数据访问的情况下,提供必要的指导、教育和协助等支持	×		×
	更新员工的绩效目标和薪酬结构,以便反映新职责并遵守新规则			×
	新角色/职责必须有明确的定义和沟通机制,员工在需要的时候必须培训新技能			×
	持续改进的心态,吸取经验教训,并不断改进			×
	强有力的领导支持			×
	在支持数据使用的情况下,提供必要的指导、教育和协助等支持	×		
	监督数据集成和转换	×		
	维护信息管理门户内容	×		
	推广教育计划			×
	指导培训工作			×
	维护信息管理的跨组织一致性	×		
	监控和确保数据使用遵循私密性和监管要求		×	
	确保接口设计符合新的应用程序,以保证数据管理工作逐步开展	×		

续表

信息管理/数据治理职能	信息管理	数据治理	组织变革管理
创建和维护关于第三方应用(包括映射和别名)的企业逻辑数据模型	×		
根据描述内容运用保留政策		×	
执行一个关于文化气质的持续调查			×
根据需要调整变革管理			×
促进团队合作,打造利益共同体	×		
推销/促进信息共享			×

持续运营

附录 F 利益相关方分析

谁是利益相关方	利益相关方是任意的组织或个人,并具备以下特征: √ 能够影响变革; √ 能够被变革影响; √ 利益相关方可能是: • 个人; • 高层领导; • 员工群体,如 IT 或部门管理人员; • 委员会; • 客户; • 政府部门或其他监管机构; • 经纪人/代理商
他们充当什么角色	识别每个利益相关方扮演的角色或多种角色,利益相关方具有以下职责: √ 需要批准相关资源或者决定变革是否继续(支持者或守门人角色); √ 需要一系列变革,以达到既定目标(目标制订者); √ 需要实施变革或说服别人做出改变(代理人); √ 需要对工作获得成功做出积极响应或者对工作的成功率做出判断; √ 需要能够不断地鼓舞士气(捍卫者); √ 施加能够提升工作成功率的必要影响力(资源调动者)
他们将如何反应	工作的结果可能如何影响利益相关方? 会对利益相关方产生哪些有利或不利的影响? 假设存在可能的(有利的或不利的)影响和先前的行为,利益相关方将如何反应? √ 直言不讳地明确支持? √ 合作或者默认? √ 中立? √ 表面赞同,背地施加阻力或抱怨? √ 直言不讳地表达关切之意(反对之声)
他们主要关心什么	利益相关方主要关心什么? √ 他们希望从变革中获得什么或者有哪些期望? √ 有哪些因素可能影响他们支持变革? √ 在变革期间,利益相关方如何才能充分知情、有效参与、事先准备或事后确认? √ 利益相关方分别有哪些禁忌或顾虑?
我们需要他们做什么	我们需要利益相关方做什么? √ 批准或调度资源; √ 明确支持或公开认可; √ 能够接触他们; √ 能够接触他们的团队成员; √ 不要干涉或阻止具体工作的开展; √ 必要的资料支持; √ 完成必要的分派工作; √ 具有一定的灵活性; √ 必要的行为改变

我们如何与他们共事	假设我们知道该做哪些工作,我们将如何和利益相关方一起共事? 我们将如何为他们准备变革工作? 我们将如何与他们沟通交流? 我们将如何突出他们的需求或主要关心的事情? 我们是否需要获悉更多关于他们的需求、关切或可能的反应? 他们是变革团队的直接涉及或间接涉及的某个组成部分(可能是团队中的一个代表、征求意见或提供正式反馈的部门)

附录 G　领导力评估

问　题	目　的
你认为数据治理给你的组织带来的最终贡献将是什么	围绕数据治理的愿景、组织的目标和预期变革的真实目的,调整现有的各种措施
你觉得要成功实施数据治理,主要存在哪些问题? 要解决这些问题,需要采取哪些措施	提供关于如何成功实施的各种关键的视角(特定的行为、议题或处理过程)。围绕现在需要采取哪些措施,以提高成功的几率
对于组织来说,数据治理是一种渐进式的变革,还是一种转型变革	围绕数据治理对组织的影响,以及需要改变领导班子哪些领导行为的一些观念,需要调整的相应措施
你认为激励组织内部和外部的利益相关者群体积极接受数据治理的最好方式是什么	围绕使利益相关者接受的最有效方法,需要调整的措施。利益相关者群体可能包括各分支机构、内部职能部门、服务中心、IT 部门、生产者、客户以及其他利益相关者
你如何定义成功的数据治理工作	确定组织领导人关于使用何种数据治理手段将取得何种成功的一致性看法。关于成功的共同定义,将驱动组织内部共同的行动和行为
谁负责执行数据治理的结果	围绕角色、职责以及谁是最终的负责人,需要调整的相应措施
如果你的角色是一个领导者,你认为如何使数据治理工作取得成功	围绕领导责任将匹配哪些权力,需要调整的相应措施
你最担心数据治理给你带来哪些变化? 你将如何解决这些问题	提供关于组织领导层最关心的问题的一些深入理解。评估关注领域的符合程度
你在职期间经历了哪些重大变化	评估领导力已经历的变化,以及组织领导力的整体技能水平。提供对组织的变化历史以及已经尝试过的有效或无效的工作方法的深入理解

附录 H 沟 通 计 划

应在项目初期制订沟通计划,以确保可以识别各种沟通需求,并通过创建各种计划满足这些需求。沟通计划可以识别出谁需要什么信息,什么信息是他们所需要的,需要沟通的频率和次数,以及哪些相关方是信息的提供方、强化方和传播方。通过提供一套结构化的计划,可以确保每个利益相关方都能在他/她需要信息的时候获得所需要的信息。

事件	目标受众	目的和目标	时机、频率和位置	描述和次数	职责——发送方、创建方	反馈机制
提供沟通的名称	信息的详细接收方	提供沟通的目的	提供沟通的频率(例如,一次/每周五上午10点在会议室)、日期、是否合适的位置	根据内容、格式、传递机制描述沟通	列出谁负责发起交流,以及谁负责提供输入	描述解释沟通机制如何工作的方法
高层指导委员会会议	高层指导委员会	更新项目状态批准EIM项目指导EIM方向	每月	会议、状态报告	高层支持领导	在会议纪要中记录各种即时讨论和相关评论信息
数据治理理事会会议	工作指导委员会	更新项目状态解决问题确认方向	每月	会议、状态报告	数据治理理事会	在会议纪要中记录相关评论信息
数据管理委员会会议	委员会成员	批准解决数据质量问题,提供方向及决策向DEC升级问题	按需	会议	委员会组长	在会议纪要中记录各种即时讨论和相关评论信息
执行级	企业信息管理指导委员会、数据治理理事会	将关键点、行动任务等信息传递到各级组织	每月	电子邮件或SP	EIM总监	事件反馈表
执行工具包	企业信息管理指导委员会、数据治理事理会	将PPT、计分卡工作计划等信息传递到各级组织	每月	电子邮件或SP	主任、企业信息管理评估	事件反馈形式
EIM项目组会议	项目组组长项目经理项目成员	评审状态、问题、识别、分析缓解项目风险	每周	会议或电话会议	项目经理	在会议纪要中记录行动项目、决策和状态

事件	目标受众	目的和目标	时机、频率和位置	描述和次数	职责——发送方、创建方	反馈机制
组织变革管理会议	运营管理组项目经理支持人	评审运营活动状态,识别问题和风险优化执行计划	每月(在发起人接收和完成沟通计划或教育计划之后)	会议或电话会议	运营管理组/组织变革管理组长	在会议纪要中记录行动项目、决策和状态
你知道吗	所有利益相关方	推广工作进展,符合相关方关注	每周		EIM 团队	为访问门户网站的用户提供问题和抽奖
每月数据治理更新	数据治理委员会	数据治理的状态、进度、成熟度如何	每月	指标和状态报告	数据治理团队、数据管理委员会	审查完整案例
每月 EIM 更新	所有利益相关方	EIM 的转型、成熟度如何?DW路线图和项目状态如何?	每月	时事通信——创建EIM 员工和主要利益相关方清单	EIM 团队	审查完整案例
数据管理专员工作组	数据管理专员	讨论数据质量工作技巧、获得相关信息	每季度	会议	数据质量经理	在会议纪要中记录行动项目、决策和状态
保留	所有员工	共享的经验,保持对治理和管理的关注	按需	鼠标垫、宣传册、杯子	组织变革管理组	审查完整案例
公开提醒	所有员工	保持对治理和管理的关注	按需	海报	治理团队、数据管理委员会	审查完整案例

附录 I 培训计划示例

编号	路线	主题	单位	等级♯			模块名称	摘要	受众	日期
				级别	单元	级别				
100	企业信息管理基础	企业信息资产管理	n/a	100	001	1	信息资产管理概念	企业资产管理概念、总体愿景、使命价值主张、企业信息管理的分歧、企业信息管理解决方案的定义（如主数据管理等）	监管人员 管理专员 委员会	
200	企业数据治理基础	信息治理	n/a	200	002	1	数据治理概念	定义、价值和概念	监管人员 管理专员 委员会	
				200	002	2	ACME数据治理框架需求	原则和策略、最佳实践、ACME数据治理框架介绍	监管人员 管理专员	
300	ACME企业信息管理、企业信息治理知识转移	ACME企业信息管理情况介绍	基础大纲概述	300	101	1	ACME企业信息管理大纲概述	ACME企业信息管理概念、ACME愿景、价值定位	监管人员 管理专员 委员会	
		企业数据治理和监督	数据治理流程，组织	300	102	1	数据治理情况介绍	ACME数据治理框架，包括原则、价值和愿景	监管人员 管理专员 委员会	
			企业信息管理指引、原则、配套政策				企业信息管理原则、情况介绍		监管人员 管理专员 数据治理委员会	
			数据治理流程，组织	300	102	2	数据治理操作	ACME数据治理路线图、策略和度量框架，关键流程审核	监管人员 管理专员 数据治理委员会	
			企业信息管理指引、原则、配套政策				企业信息管理行动原则		监管人员 管理专员 数据治理委员会	

续表

编号	路线	主题	单位	等级#			模块名称	摘要	受众	日期
				级别	单元	级别				
		组织管理	企业信息架构和组织管理	300	116	1	ACME 企业信息管理/ACME 企业数据治理组织概述	企业信息管理的概念、角色名称, 企业数据治理组织	数据治理委员会管理专员	
		持续管理	早期组织变更管理	300	117	1	ACME 企业信息管理持续性需求/ACME 企业信息管理概述	ACME 企业信息管理变更管理概述、过程成熟度、SWOT 分析、风险领域、风险管理方法	数据治理委员会	
		ACME 企业信息管理路线图	ACME 企业信息管理业务案例/一致性	300	125	1	ACME 企业信息管理路线图情况介绍	ACME 路线图概述、成熟度水平、权重值、完成标准	数据治理委员会管理专员	
			ACME 企业信息管理成功对策						数据治理委员会管理专员	
			推荐支持/应用项目				ACME 企业信息管理项目	企业信息管理项目概述	数据治理委员会管理专员	
			增量阶段推广时间表				ACME 企业信息管理项目更新			

附录 J 推广后的检查清单

问　　题	是	一定程度	否
领导支持新环境,并扮演倡议者的角色			
员工是否对即将到来的变革感到兴奋			
是否为每个人提供一个反馈的安全出口(如反应、关注点和评论)			
是否为人们有效地干好本职工作提供足够的支持			
人们是否有时间有效地干好本职工作			
组织是否拥有这样的技术或能力完成这项工作			
组织是否在获取新技术或能力方面接受了相关培训			
是否已经构建有效的胜任能力和职能,使目标能够实现			
是否存在工作进展方面的指标和目标比较			
新的绩效评估和奖励机制是否已经开始执行			
是否将跟踪已完成结果的绩效			
是否可以公开支持渴望证明自己能力的行为,使目标能够实现			
是否在某种程度上通过获得或任命相应的人才确保目标能够实现			
组织结构是否适应未来的状态			
我们的组织结构是否确保目标能够实现			

索　引

注意：页码中包含"f"表示图，"t"表示表格，"b"表示方框

A

B

V

Value 价值

 Business 业务

 identification of……的识别

 of data governance 数据治理的

 in marketing 营销过程中

Vision 愿景

 Business 业务

 data governance for organizations 组织的数据治理，defining 定义

 draft preliminary DG requirements 数据治理需求的初步方案

 future representation of DG 数据治理将来的展现，development 开发

 statement 描述

W

What's in it for me? (WIIFM)我能从中得到什么好处